建筑工程项目管理研究

陈 敏 肖砚利 杨志勇◎编著

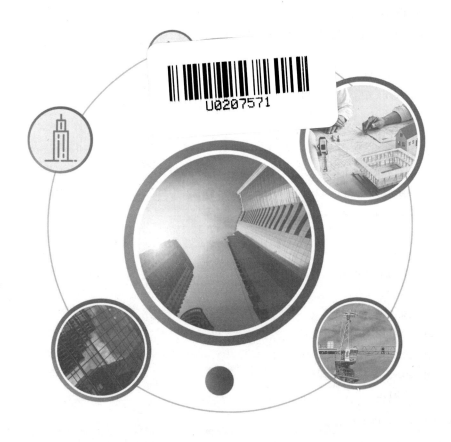

U0207571

四川科学技术出版社

图书在版编目（CIP）数据

建筑工程项目管理研究 / 陈敏，肖砚利，杨志勇编
著 . -- 成都：四川科学技术出版社，2023.7（2024.7 重印）
ISBN 978-7-5727-1021-6

Ⅰ . ①建… Ⅱ . ①陈… ②肖… ③杨… Ⅲ . ①建筑工
程－工程项目管理－研究 Ⅳ . ① TU712.1

中国国家版本馆 CIP 数据核字（2023）第 111396 号

建筑工程项目管理研究
JIANZHU GONGCHENG XIANGMU GUANLI YANJIU

编　著	陈　敏　肖砚利　杨志勇
出 品 人	程佳月
责任编辑	朱　光
封面设计	星辰创意
责任出版	欧晓春
出版发行	四川科学技术出版社

　　　　　成都市锦江区三色路 238 号 邮政编码 610023

　　　　　官方微博 http://weibo.com/sckjcbs

　　　　　官方微信公众号 sckjcbs

　　　　　传真 028-86361756

成品尺寸	170 mm × 240 mm
印　张	7.5
字　数	150 千
印　刷	三河市嵩川印刷有限公司
版　次	2023 年 7 月第 1 版
印　次	2024 年 7 月第 2 次印刷
定　价	58.00 元

ISBN 978-7-5727-1021-6

邮　　购：成都市锦江区三色路 238 号新华之星 A 座 25 层　邮政编码：610023

电　　话：028-86361770

前　言

在现代社会，建筑工程项目已经十分普遍，可以说政府和建筑企业的各部门、各层次的管理人员和工程技术人员都会以某种形式参与工程项目和项目管理工作。在近十几年中，建筑工程项目管理受到人们的普遍重视，它的研究、教育和实际应用都得到了长足的发展，成为国内外工程管理领域中的一大热点。

本书本着系统管理原则，以工程项目为对象，以工程项目整个生命期为主线，系统论述了项目管理的内容与任务、组织、各种计划和控制方法、协调和信息管理方法。本书对建设工程项目管理的理论、方法、要求等做了详细阐述，坚持以就业为导向，突出实用性与创新性。本书编写在力求做到保证知识的系统性和完整性的前提下，以章节单元为组织形式。本书在编写过程中吸取了当前行业改革中应用的管理方法，并认真贯彻我国现行规范及有关文件，增强了适应性和应用性，具有时代特征。

随着我国经济社会的迅猛发展、科学技术的快速进步与城市化进程的不断推进，建筑工程事业也迅速发展，对工程项目管理的要求也越来越高。建筑工程项目管理是一项高难度的复杂工作，建筑工程施工单位应注重加强项目管理，控制进度、降低成本、强化安全管理等，以保证工程项目的质量与安全。现阶段有的传统的工程项目管理工作内容已经不能完全满足当代经济社会环境的发展需求，存在不少的问题。对此，我们应认真分析并解决。

建筑工程项目管理直接关系到企业的生产经营、经济效益以及长远发展等。只有将项目管理融入施工企业管理，加大管理力度，提高项目管理水平，才能充分保证项目建设的顺利进行，从而最大限度地提高项目的经济效益，为企业的稳定、长远发展提供坚实的基础。建筑工程项目质量的好坏影响着社会生活的安全稳定与人们的生命财产安全。对此，建筑工程企业应加强工程的质量管理、进度管理、成本管理、安全管理以及项目管理等，以有效保证建筑工程项目的质量与安全，从而推动国民经济的发展和促进社会生活的进步。

陈　敏　肖砚利　杨志勇

CONTENTS 目录

第一章　建筑工程项目管理概论

第一节　建筑工程项目管理的背景与内涵

一、建筑工程项目管理的背景

（一）项目管理的来源

古代埃及建筑的金字塔、古代中国开凿的大运河和修筑的万里长城等许多建筑工程都可以被认为是人类祖先完成的优质项目。然而，有项目就必然会存在项目管理问题。古代的项目管理主要是凭借优秀建筑师个人的经验智慧，依靠个人的才能和天赋进行的，还谈不上应用科学的、标准化的管理方法。

近代项目管理是随着管理科学的发展而发展起来的。1917 年，亨利·甘特发明了著名的甘特图。甘特图被用于车间日常工作安排，经理们按日历徒手画出要做的任务图表。20 世纪 50 年代后期，美国杜邦公司路易斯维化工厂创造了关键路径法（critical path method，CPM），使用关键路径法进行研究和开发、生产控制和计划编排，大大缩短了完成预定任务的时间，并节约了 10% 左右的资金，取得了显著的经济效益。同一时期，美国海军在研究开发北极星（Polaris）号潜水舰艇所采用的远程导弹 F.B.M 的项目中开发出计划评审技术（program evaluation and review technique，PERT），计划评审技术的应用使美国海军部门顺利解决了组织、协调参加这项工程的遍及美国 48 个州的 200 多个主要承包商和 11 000 多个企业的复杂问题，节约了投资，缩短了约两年工期，缩短工期近 25%。后来，随着网络计划技术的广泛应用，使用计划评审技术可实现节约投资 10% ~ 15%，缩短工期 15% ~ 20% 的目标，而编制网络计划所需要的费用仅为总费用的 0.1%。

20 世纪 80 年代，信息化技术在世界范围内蓬勃发展，全球性的生产能力开始形成，现代项目管理逐步发展起来。

当前世界经济正在进行全球范围的结构调整，竞争和兼并激烈，这使得各个企业需要重新考虑如何开展业务，如何赢得市场、赢得消费者。抓住经济全球化、信息化的发展机遇最重要的就是创新。为了有竞争能力，各个企业不断地降低成本，加快新产品的开发速度。为了缩短产品的开发周期，缩短从概念到产品推向市场的时间，提高产品质量，降低成本，必须围绕产品重新组织人员，将从事产品创新活动、计划、工程、财务、制造、销售等的人员组织到一起，从产品开发到市场销售全过程的人员要形成一个项目团队。

项目管理的吸引力在于它使企业能处理需要跨领域解决方案的复杂问题，并能实现更高的运营效率。可以根据需要把一个企业的若干人员组成一个项目团队，这些人员可以来自不同的职能部门。与传统的管理模式不同，项目不是通过行政命令体系来实施的，而是通过所谓"扁平化"的结构来实施的，其最终目的是使企业或机构能够按时在预算范围内实现其目标。

传统项目管理的三大要素分别是时间、成本和质量指标，评价项目成功与否的标准也是是否满足这三个条件。除此之外，现在最能体现项目成功的标准是客户和用户的认可与满意。使客户和用户满意是现今企业发展的关键要素，这就要求企业加快决策速度、给职员授权。项目管理中项目经理的角色从活动的指挥者变成了活动的支持者，他们尽全力使项目团队成员尽可能有效地完成工作。

在上述背景下，经过工程界和学术界不懈地努力，项目管理已从经验上升为理论，并成为与实际结合的一门现代管理学科。

（二）项目管理的发展

作为新兴的学科，项目管理来自实践，因此，项目管理既有理论体系，最终又用来指导各行各业的工程实践。在这个反复交替且不断提高的过程中，项目管理在其应用的过程中要吸收其他学科的知识和成果。在建筑工程项目管理的过程中，至少涉及建设方、承建方和监理方三方。要想把项目管好，这三方必须对项目管理有一致的认识，遵循科学的项目管理方法，这就是"三方一法"。只有这样步调才能一致，才能避免无谓的纠纷，协力把项目完成。

与任何其他学科的成长和发展一样，项目管理学科的成长和发展是一个漫长的过程，而且是永无止境的。分析当前国际项目管理的发展现状，可以发现它有三个特点，即全球化的发展、多元化的发展和专业化的发展。

20世纪60年代由数学家华罗庚引入的PERT英文简写技术、网络计划与运筹学相关的理论体系，是我国现代项目管理理论第一发展阶段的重要成果。

1984年的鲁布革水电站利用世界银行的贷款，并且在我国是第一次采用国际招标的方法聘请外国专家，运用项目管理进行建设的水利工程项目。项目管理的运用大大缩短了鲁布革水电站的工期，降低了项目造价，取得了明显的经济效益。随后在二滩水电站、三峡水利枢纽工程、小浪底水利枢纽工程和其他大型工程建设中都采用了项目管理这一管理方法，并取得了良好的经济效益。

1991年，我国成立了中国项目管理研究委员会，随后出版了刊物《项目管理》，建立了许多项目管理网站，有力地推动了我国项目管理的研究和应用。

我国虽然在项目管理方面取得了一些进展，但是与发达国家相比还有一定的差距。在我国，统一的体系化的项目管理思想还没有得到普及。目前，承建方和监理方的项目管理水平有很大的进步，而建设方的项目管理意识和水平还有待提高。

二、建筑工程项目管理的特点

（一）复杂性

建筑工程项目建设时间跨度长，涉及面广，过程复杂，内外部各环节链接运转难度大。项目管理需要各方面人员组成协调的团队，要求全体人员能够综合运用包括专业技术和经济、法律等知识，步调一致地进行工作，随时解决工程项目建设过程中出现的问题。

（二）一次性

工程项目具有一次性的特点，没有完全相同的两个工程项目。即使是十分相似的项目，在时间、地点、材料、设备、人员、自然条件以及其他外部环境等方面也存在差异。项目管理者在项目决策和实施过程中必须从实际出发，结合项目的具体情况，因地制宜地处理和解决工程项目实际问题，而不能照搬过去的经验。

（三）寿命周期性

项目的一次性决定其有明确的结束点，即任何项目都有其产生、发展和结束的时间，也就是项目具有寿命周期。建筑工程项目管理在寿命周期内，在不同的阶段都有特定的任务、程序和内容。

（四）专业性

建筑工程项目管理需对资金、人员、材料，设备等多种资源进行优化配置和合理使用，其专业技术性强，需要专门机构、专业人才来进行。

三、建筑工程项目的基本建设程序

建筑工程项目建设程序是指工程项目从策划、评估、决策、设计、施工，到竣工验收、投入生产或交付使用的整个建设过程，各项工作必须遵循工作次序。

建筑工程是人类改造自然的活动，工作涉及面广，完成一项建筑工程需要很多方面的密切协作和配合。工程项目建筑程序是工程建设过程客观规律的反映，是建设工程项目科学决策和顺利进行的重要保证。工程项目建设程序是人们长期在工程项目建设实践中得出的经验总结，其中有些工作内容是前后衔接的，有些工作内容是互相交叉的，有些工作内容则是同步进行的。这些工作都必须纳入统一的轨道，遵照统一的步调和次序来进行，这样才能有条不紊地按预定计划完成建设任务，并迅速形成生产能力，取得使用效益。建设程序包括以下阶段和内容。

（一）策划决策阶段

策划决策阶段又称为建设前期工作阶段，主要包括编报项目建议书和可行性研究报告两项工作内容。

1.项目建议书

对于政府投资项目，编报项目建议书是项目建设最初阶段的工作。编报项目建议书的主要作用是推荐建设工程项目，以便在一个确定的地区或部门内，以自然资源和市场预测为基础，选择建设工程项目。

项目建议书经批准后可进行可行性研究工作，但项目建议书不是项目的最终决策。

2.可行性研究

可行性研究是在项目建议书被批准后，对项目在技术上和经济上是否可行所进行的科学分析和论证。

根据《国务院关于投资体制改革的决定》（国发〔2004〕20号），对于政府投资项目，需审批项目建议书和可行性研究报告。

《国务院关于投资体制改革的决定》指出，对于企业不使用政府资金投资建设的项目，一律不再实行审批制，区别不同情况实行核准制和登记备案制。

对于《政府核准的投资项目目录》（2016年本）以外的企业投资项目实行登记备案制。

3.可行性研究报告

完成可行性研究后，应编报可行性研究报告。

（二）勘察设计阶段

勘察过程：复杂工程分为初勘和详勘两个阶段，为设计提供实际依据。

设计过程：一般划分为两个阶段，即初步设计阶段和施工图设计阶段；对于大型复杂项目，可根据不同行业的特点和需要，在初步设计阶段之后增加技术设计阶段。

初步设计是设计的第一步，当初步设计提出的总概算超过可行性研究报告投资估算的10%或其他主要指标需要变动时，要重新报批可行性研究报告。

初步设计经主管部门审批后，建设工程项目被列入国家固定资产投资计划方可进行下一步的施工图设计。

施工图一经审查批准，不得擅自进行修改，若要修改则必须重新报请原审批部门，由原审批部门委托审查机构审查后再批准实施。

（三）建筑准备阶段

建筑准备阶段主要内容包括：组建项目法人、征地、拆迁、"三通一平"乃至"七通一平"；组织材料、设备订货；办理建设工程质量监督手续；委托工程监理；准备必要的施工图纸；组织施工招投标，择优选定施工单位；办理施工许可证等。按规定作好施工准备，具备开工条件后，建设单位申请开工，进入施工阶段。

（四）施工阶段

建筑工程具备了开工条件并取得施工许可证后方可开工。项目新开工时间按设计文件中规定的任何一项永久性工程第一次正式破土开槽时间而定。不需要开槽的项目以正式打桩作为开工时间。铁路、公路、水库等以开始进行土石方工程作为正式开工时间。

（五）生产准备阶段

对于生产性建筑工程项目，在其竣工投产前，建设单位应适时地组织专门班子或机构，有计划地做好生产准备工作，主要包括：招收、培训生产人员；组织有关人员参加设备安装、调试、工程验收；落实原材料供应；组建生产管理机构，健全生产规章制度等。生产准备是由施工阶段转入经营的一项重要工作。

（六）竣工验收阶段

工程竣工验收是全面考核建设成果、检验设计和施工质量的重要步骤，也是建设工程项目转入生产和使用的标志。验收合格后，建设单位编制竣工决算，项目正式投入使用。

（七）考核评价阶段

建筑工程项目评价是工程项目竣工投产、生产运营一段时间后，对项目的立项决策，设计施工、竣工投产、生产运营等全过程进行系统评价的一种技术活动，这是固定资产管理的一项重要内容，也是固定资产投资管理的最后一个环节。

第二节　建筑工程项目管理的内容与任务

一、建筑工程项目管理的基本内容

建筑工程项目管理的基本内容包括以下几个方面。

（一）合同管理

建筑工程项目合同是业主和参与项目实施各主体之间明确责任、权利和义务关系的具有法律效力的协议文件，也是运用市场经济体制、组织项目实施的基本手段。从某种意义上讲，项目的实施过程就是建设工程项目合同订立和履行的过程。一切合同所赋予的责任、权利履行到位之日，也就是建设工程项目实施完成之时。

建筑工程项目合同管理，主要是指对各类合同的依法订立过程和履行过程的管理，包括合同文本的选择，合同条件的协商、谈判，合同书的签署；合同的履行检查、变更和违约、纠纷的处理；索赔事宜的处理工作；总结评价等内容。

（二）组织协调

组织协调是工程项目管理的职能之一，是实现项目目标必不可少的方法和手段。在项目实施过程中，项目的参与单位需要处理和调整众多复杂的业务组织关系。组织协调的主要内容如下。

外部环境协调：与政府管理部门之间的协调，如与规划部门、城建部门、市政部门、消防部门、人防部门、环保部门、城管部门的协调；资源供应方面的协调，如供水、供电、供热、电信、通信、运输和排水等方面的协调；生产要素方面的协调，如图纸、材料、设备、劳动力和资金方面的协调；社区环境方面的协调等。

项目参与单位之间的协调：项目参与单位主要有业主、监理单位、设计单位、施工单位、供货单位、加工单位等。

项目参与单位内部的协调：项目参与单位内部各部门、各层次之间及个人之间的协调。

（三）进度控制

进度控制包括方案的科学决策、计划的优化编制和实施有效控制三个方面的任务。方案的科学决策是实现进度控制的先决条件，它包括方案的可行性论证、综合评估和优化决策。只有决策出优化的方案，才能编制出优化的计划。计划的优化编制，包括科学确定项目的工序及其衔接关系、持续时间以及编制优化的网络计划和实施措施，计划的优化编制是实现进度控制的重要基础。实施有效控制包括同步跟踪、信息反馈、动态调整和优化控制是实现进度控制的根本保证。

（四）投资（费用）控制

投资控制包括编制投资计划、审核投资支出、分析投资变化情况、研究投资减少途径和采取投资控制措施五项任务。前两项是对投资的静态控制，后三项是对投资的动态控制。

（五）质量控制

质量控制包括制定各项工作的质量要求及质量事故预防措施、制定各个方面的质量监督和验收制度，以及制定各个阶段的质量事故处理和控制措施三个方面的任务。制定的质量要求要具有科学性，质量事故预防措施要具备有效性。质量监督和验收包含对设计质量、施工质量及材料设备质量的监督和验收，要严格检查制度和加强分析。质量事故处理与控制要对每一个阶段均严格管理和控制，采取细致而有效的质量事故预防和处理措施，以确保质量目标的实现。

（六）风险管理

随着工程项目规模的大型化和工艺技术的复杂化，项目管理者所面临的风险越来越多。工程建设的客观现实告诉人们，要保证建设工程项目的投资效益，就必须对项目风险进行科学管理。

风险管理是一个确定和度量项目风险以及制定、选择和管理风险处理方案的过程。其目的是通过风险分析减少项目决策的不确定性，使决策更加科学，以及在项目实施阶段保证目标控制的顺利进行，从而更好地实现项目的质量目标、进度目标和投资目标。

（七）信息管理

信息管理是工程项目管理的基础工作，是实现项目目标控制的保证。只有不断提高信息管理水平，才能更好地承担起项目管理的任务。

工程项目的信息管理主要是指对有关工程项目的各类信息的收集、储存、加工整理、传递与使用等一系列工作的总称。信息管理的主要任务是及时、准确地向项目管理各级领导、各参加单位及各类人员提供所需的综合程度不同的信息，以便在项目进展的全过程中动态地进行项目规划，迅速正确地进行各种决策，并及时检查决策执行结果，反映工程实施中暴露的各类问题，为项目总目标服务。

信息管理工作的好坏将直接影响项目管理的成败。在我国工程建设的长期实践中，存在缺乏信息，难以及时取得信息，所得到的信息不准确或信息的综合程度不满足项目管理的要求，信息存储分散等原因，从而造成了项目决策、控制、执行和检查困难，以致影响项目总目标实现的情况屡见不鲜，这应该引起广大项目管理人员的重视。

（八）环境保护

工程建设可以改造环境、为人类造福，优秀的设计作品还可以美化社会景观，给人们带来观赏价值，但一个工程项目的实施过程和结果也存在着影响甚至破坏环境的种种因素。在工程建设中应强化环保意识，切实有效地把环境保护和避免损害自然环境、破坏生态平衡、污染空气和水质、扰动周围建筑物和地下管网等现象作为项目管理的重要任务之一。项目管理者必须充分研究和掌握国家和地区的有关环保法规和规定，对于环保方面有要求的建设工程项目，在项目可行性研究和决策阶段必须提出环境影响报告及其对策措施，并评估其措施的可行性和有效性，严格按建设程序向环保管理部门报批。在项目实施阶段做到主体工程与环保措施工程同步设计、同步施工、同步投入运行。在工程施工承发包中，必须把依法做好环保工作列为重要的合同条件并加以落实，并在施工方案的审查和施工过程中，始终把落实环保措施、克服建设公害作为重要的内容予以密切注视。

二、建筑工程项目管理主体与任务

一个建筑工程项目往往由多个参与单位承担不同的建设任务和管理任务（如勘察、土建设计、工艺设计、工程施工、设备安装、工程监理、建设物资供应、业主方管理、政府主管部门的管理和监督等），各参与单位的工作性质、工作任务和利益不尽相同，因此就形成了代表不同利益方的项目管理。由于业主方既是建筑工程项目实施过程（生产过程）的总集成者（人力资源、物质资源和知识的集成），也是建筑工程项目生产过程的总组织者，因此，对于一个建设工程项目而言，业主方的项目管理往往是该项目的项目管理的核心。

按建筑工程项目不同主体的工作性质和组织特征划分，项目管理有以下几种类型：①业主方的项目管理，如投资方和开发方的项目管理，或由工程管理咨询公司提供的代表业主方利益的项目管理服务；②设计方的项目管理；③施工方的项目管理（施工总承包方、施工总承包管理方和分包方的项目管理）；④建设物资供货方的项目管理（材料和设备供应方的项目管理）；⑤建筑项目总承包（或称建设项目工程总承包、工程总承包）方的项目管理，如设计和施工任务综合的承包，或设计、采购和施工任务综合的承包（简称 EPC 承包）的项目管理等。

（一）业主方的项目管理

业主方的项目管理服务于业主的利益。业主方项目管理的目标包括项目的投资目标、进度目标和质量目标。投资目标指的是项目的总投资目标。进度目标指的是项目动用的时间目标，也即项目交付使用的时间目标，如工厂建成可以投入生产、道路建成可以通车、办公楼可以启用、旅馆可以开业的时间目标等。质量目标不仅涉及施工的质量，还包括设计质量、材料质量、设备质量和影响项目运行或运营的环境质量等。质量目标包括满足相应的技术规范和技术标准的规定，以及满足业主方相应的质量要求。

项目的投资目标、进度目标和质量目标之间既有矛盾的一面，也有统一的一面，它们之间的关系是对立统一关系：要加快进度往往需要增加投资，提高质量往往也需要增加投资，过度地缩短进度会影响质量目标的实现。这些都表现了目标之间关系对立的一面，但通过有效的管理，在不增加投资的前提下也可以缩短工期和提高工程质量，这反映了目标之间关系统一的一面。

业主方的项目管理工作涉及项目实施阶段的全过程，即在设计前的准备阶段、设计阶段、施工阶段、动用前准备阶段和保修期分别进行以下工作：①安全管理；②投资控制；③进度控制；④质量控制；⑤合同管理；⑥信息管理；⑦组织协调。

其中安全管理是项目管理中最重要的任务，因为安全管理关系到人身的健康与安全，而投资控制、进度控制、质量控制和合同管理等则主要涉及物质利益。

（二）设计方的项目管理

作为项目建设的一个参与方，设计方的项目管理主要服务于项目的整体利益和设计方本身的利益。由于项目的投资目标能否实现与设计工作密切相关，设计方项目管理的目标包括设计的成本目标、设计的进度目标和设计的质量目标以及项目的投资目标。

设计方的项目管理工作主要在设计阶段进行，但也涉及设计前的准备阶段、施工阶段、动用前准备阶段和保修期。设计方项目管理的任务包括以下几项：①与设计工作有关的安全管理；②设计成本控制和与设计工作有关的工程造价控制；③设计进度控制；④设计质量控制；⑤设计合同管理；⑥设计信息管理；⑦与设计工作有关的组织和协调。

（三）施工方项目管理

1.施工方项目管理的目标

由于施工方是受业主方的委托承担工程建设任务，施工方必须树立服务观念，为项目建设服务，为业主提供建设服务。另外，合同也规定了施工方的任务和义务，因此，作为项目建设的一个重要参与方，施工方的项目管理不仅应服务于施工方本身的利益，也必须服务于项目的整体利益。项目的整体利益和施工方本身的利益是对立统一关系，两者有其统一的一面，也有对立的一面。

施工方项目管理的目标应符合合同的要求，包括以下几项：①施工的安全管理目标；②施工的成本目标；③施工的进度目标；④施工的质量目标。

如果采用工程施工总承包模式或工程施工总承包管理模式，施工总承包方或施工总承包管理方必须按工程合同规定的工期目标和质量目标完成建设任务，而施工总承包方或施工总承包管理方的成本目标是由施工企业根据其生产和经营的情况自行确定的。分包方必须按工程分包合同规定的工期目标和质量目标完成建设任务。分包方的成本目标是该施工企业内部自行定的。

按国际工程的惯例，当指定分包商时，由于指定分包商合同在签约前必须得到施工总承包方或施工总承包管理方的认可，因此，施工总承包方或施工总承包管理方应对合同规定的工期目标和质量目标负责。

2.施工方项目管理的任务

施工方项目管理的任务包括以下内容：①施工安全管理；②施工成本控制；③施工进度控制；④施工质量控制；⑤施工合同管理；⑥施工信息管理；⑦与施工有关的组织与协调等。

施工方的项目管理工作主要在施工阶段进行，由于设计阶段和施工阶段在时间上往往是交叉的，因此，施工方的项目管理工作也会涉及设计阶段。在动用前准备阶段和保修期施工合同尚未终止期间，还有可能出现涉及工程安全、费用、质量、合同和信息等方面的问题，因此施工方的项目管理也涉及动用前准备阶段和保修期。

从 20 世纪 80 年代末，90 年代初开始，我国的大中型建设工程项目引进了为业主方服务（或称代表业主利益）的工程项目管理咨询服务，这属于业主方项目管理的范畴。在国际上，工程项目管理咨询公司不仅为业主提供服务，而且向施工方、设计方和建设物资供应方提供服务；因此，不能认为施工方的项目管理只是施工企业对项目的管理。施工企业委托工程项目管理咨询公司对项目管理的某个方面提供的咨询服务也属于施工方项目管理的范畴。

作为项目建设的参与方，建设物资供货方的项目管理主要服务于项目的整体利益和建设物资供货方本身的利益。建设物资供货方项目管理的目标包括建设物资供货方的成本目标、供货的进度目标和供货的质量目标。

建设物资供货方的项目管理是指对材料和设备供应方的项目管理，工作主要在施工阶段进行，但它也涉及设计准备阶段、设计阶段、动用前准备阶段和保修期。建设物资供货方项目管理的主要任务如下：①供货的安全管理；②建设物资供货方的成本控制；③供货的进度控制；④供货的质量控制；⑤供货合同管理；⑥供货信息管理；⑦与供货有关的组织与协调。

（四）建筑项目总承包方的项目管理

1. 建筑项目总承包方项目管理的目标

由于建筑项目总承包方是受业主方的委托而承担工程建设任务，项目总承包方必须树立服务观念，为项目建设服务，为业主提供建设服务。另外合同也规定了建筑项目总承包方的任务和义务，因此，作为项目建设的重要参与方，建筑项目总承包方的项目管理主要服务于项目的整体利益和建设项目总承包方本身的利益。建筑项目总承包方项目管理的目标应符合合同的要求，包括以下几项：①工程建设的安全管理目标；②项目的总投资目标和建设项目总承包方的成本目标（前者是业主方的总投资目标，后者是项目总承包方本身的成本目标）；③建设项目总承包方的进度目标；④建设项目总承包方的质量目标。

建筑项目总承包方项目管理工作涉及项目实施阶段的全过程，即设计前的准备阶段、设计阶段、施工阶段、动用前准备阶段和保修期。

2. 建筑项目总承包方项目管理的任务

建筑项目总承包方项目管理的主要任务如下：①安全管理；②项目的总投资控制和建设项目总承包方的成本控制；③进度控制；④质量控制；⑤合同管理；⑥信

息管理；⑦与建设项目总承包方有关的组织和协调等。

《建设项目工程总承包管理规范》（GB/T 50358—2017）对项目总承包管理的内容做了以下的规定。

第一，工程总承包管理应包括项目经理部的项目管理活动和工程总承包企业职能部门参与的项目管理活动。

第二，工程总承包项目管理的范围应由合同约定。根据合同变更程序提出并经批准的变更范围也应列入项目管理范围。

第三，工程总承包项目管理的主要内容如下：①任命项目经理，组建项目经理部，进行项目策划并编制项目计划；②实施设计管理、采购管理、施工管理、试运行管理；③进行项目范围管理，进度管理，费用管理，设备材料管理，资金管理，质量管理，安全、职业健康和环境管理，人力资源管理，风险管理，沟通与信息管理，合同管理，现场管理，项目收尾等。

第三节 建筑工程项目管理组织

一、建筑工程项目管理组织结构形式

（一）建筑工程项目管理组织结构形式

项目管理组织结构形式有很多种，从不同的角度进行分类也会有不同的结果。项目执行过程中往往涉及技术、财务、行政等相关方面的工作，特别是有的项目本身就是以一个新公司的模式运作的，即所谓项目公司，因此，项目组织结构与形式在某些方面与公司的组织形式有一些类似；但这并不意味着二者可以相互取代。

目前按国际上通行的分类方式，项目管理组织的基本形式可以分成职能式、项目式和矩阵式三种。

1. 职能式

（1）职能式组织结构形式。

职能式是目前国内咨询公司在咨询项目中应用最为广泛的一种模式，通常由公司按不同行业分成各项目部，项目部内又分成专业处，公司的咨询项目按专业不同分给相对应的专业部门和专业处来完成。

职能式项目管理组织模式有两种表现形式：一种是将一个大的项目按照公司行政、人力资源、财务、各专业技术、营销等职能部门的特点与职责分成若干个子项目，由相应的各职能单元完成各方面的工作。另一种是在公司高级管理者的领导下，由各职能部门负责人构成项目协调层，由各职能部门负责人具体安排落实本部门内人员完成相关任务的项目管理组织形式、协调工作主要在各部门。分配到项目团体中的成员在职能部门内可能暂时是专职，也可能是兼职，但总体上看，没有专职人员从事项目工作。项目工作可能只存在一段时间，也可能会持续下去，团队中的成员可能由各种职务的人组成。

（2）职能式组织结构形式的优点。

第一，项目团队中各成员无后顾之忧。第二，各职能部门可以在本部门工作与项目工作任务的平衡中去安排力量，当项目团队中的某一成员因故不能参加时，其所在的职能部门可以重新安排人员予以补充。第三，当项目工作全部由某一职能部门负责时，项目的人员管理与使用变得更为简单，其具有更大的灵活性。第四，项目团队的成员由同一部门的专业人员做技术支撑，有利于提高项目的专业技术问题的解决水平。第五，有利于公司项目发展与管理的连续性。

（3）职能式组织结构形式的缺点。

项目管理缺乏权威性，项目团队的成员不易产生事业感与成就感。对于参与多个项目的职能部门，特别是具体到个人来说，不利于安排好各项目之间投入力量比例。不利于不同职能部门的团队成员之间的交流，项目的发展空间容易受到限制。

（4）职能式组织结构形式的应用。

职能式组织主要适合于生产、销售标准产品的企业，工程承包企业和监理企业较少单纯采用这一组织形式，项目监理部或项目经理部可采用这种形式。

2. 项目式

（1）项目式组织结构形式。

项目式管理组织形式就是将项目的组织形式独立于公司职能部门之外，由项目组自己独立负责其项目主要工作的一种组织管理模式。项目的具体工作主要由项目团队负责，项目的行政事务、财务人事等在公司规定的权限内进行管理。

在一个项目型组织中，工作成员是经过搭配的。项目工作会运用到大部分的组织资源，而项目经理也有高度独立性，享有高度的权利。项目型组织中也会设立一些组织单位，这些单位也称作部门，这些工作组不仅要直接向某一项目经理汇报工作，还要为各个不同的项目提供服务。

（2）项目式组织结构的优点。

项目经理是真正意义上的项目负责人；团队成员工作目标比较单一；项目管理层次相对简单，使项目管理的决策速度和响应速度变得快捷起来；项目管理指令一致；项目管理相对简单，对项目费用、质量及进度等更加容易控制；项目团队内部容易沟通；当项目需要长期工作时，在项目团队的基础上就容易形成一个新的职能部门。

（3）项目式组织结构的缺点。

容易出现配置重复、资源浪费的问题；项目组织成为一个相对封闭的组织，公司的管理与对策在项目管理组织中的贯彻可能遇到阻碍；项目团队与公司之间的沟通基本上靠项目经理，容易出现沟通不够和交流不充分的问题；项目团队成员在项目后期没有归属感；由于项目管理组织的独立性会使项目组织产生小团体观念，在人力资源与物资资源上会出现"囤积"的思想，造成资源浪费；同时，各职能部门考虑其相对独立性，对其资源的支持会有所保留。

（4）项目式组织形式的应用。

广泛应用于建筑业、航空航天业等价值高、周期长的大型项目，也能应用于非营利机构，如募捐活动的组织、大型聚会等。

3. 矩阵式

（1）矩阵式组织结构形式。

矩阵式组织是介于职能式与项目式组织结构之间的一种项目管理组织模式。矩阵式项目组织结构中，参加项目的人员由各职能部门负责人安排，而这些人员的工作在项目施工期间服从项目团队的安排，人员不独立于职能部门之外，是一种暂时的、半松散的组织形式，项目团队成员之间的沟通不需要通过其职能部门的领导，项目经理往往直接向公司领导汇报工作。

根据项目团队中的情况，矩阵式项目组织结构又可分成弱矩阵式结构、强矩阵式结构和平衡矩阵式结构三种形式。

弱矩阵式项目管理组织结构。一般是指在项目团队中没有一个明确的项目经理。

强矩阵式项目管理组织结构。这种模式下的主要特点是有一个专职的项目经理负责项目的管理与运行，项目经理来自公司的专门项目管理部门。项目经理与上级沟通往往是通过其所在的项目管理部门负责人进行的。

平衡矩阵式项目管理组织结构。这种组织结构是介于强矩阵式项目管理组织结构与弱矩阵式项目管理组织结构二者之间的一种形式。主要特点是项目经理由一职能部门中的成员担任，其工作除项目的管理工作外，还可能负责本部门承担的相应项目中的任务。此时的项目经理与上级沟通不得不在其职能部门的负责人与公司领导之间做出平衡与调整。

（2）矩阵式组织结构形式的特征。

按照职能原则：和项目原则结合起来的项目管理组织，既能发挥职能部门的纵向优势，又能发挥项目组织的横向优势，多个项目组织的横向系统与职能部门的纵向系统形成了矩阵结构。

企业的职能部门是相对长期稳定的，项目管理组织是临时性的。职能部门的负责人对项目组织中本单位人员负有组织调配、业务指导、业绩考察的责任。项目经理在各职能部门的支持下，将参与本项目组织的人员横向上有效地组织在一起，为实现项目目标协同工作，并有权对参与本项目的人员进行控制和使用，必要时可对其进行调换或辞退。

矩阵中的成员接受原单位负责人和项目经理的双重领导，可根据需要和可能为一个或多个项目服务，并可在项目之间调配，充分发挥专业人员的作用。

（3）矩阵式组织形式的适用范围。

大型、复杂的施工项目需要多部门、多技术、多工种配合施工，在不同施工阶段对不同人员有不同的数量和搭配需求，宜采用矩阵式项目组织形式。

企业同时承担多个施工项目时，各项目对专业技术人才和管理人员都有需求。在矩阵式项目组织形式下，职能部门可根据需要和可能将有关人员派到一个或多个项目上去工作，充分利用有限的人才对多个项目进行管理。

（4）矩阵式组织形式的优点。

团队的工作目标与任务较明确，有专人负责项目的工作；团队成员无后顾之忧；各职能部门可根据自己部门的资源与任务情况来调整、安排资源力量，提高资源利用率；相对职能式结构来说，减少了工作层次与决策环节，提高了工作效率与反应速度；相对项目式组织结构来说，在一定程度上避免了资源的囤积与浪费；在强矩阵式模式中，由于项目经理来自公司的项目经理部门，可使项目运行符合公司的有关规定，不易出现矛盾。

（5）矩阵式组织形式的缺点。

矩阵式项目组织的结合部多，组织内部的人际关系、业务关系、沟通渠道等都较复杂，容易造成信息量膨胀，引起信息流不畅或失真，需要依靠有力的组织措施和规章制度规范管理。若项目经理和职能部门负责人双方产生重大分歧难以统一时，还需企业领导出面协调。

项目组织成员接受原单位负责人和项目经理的双重领导，当领导之间发生矛盾，意见不一致时，当事人将无所适从，影响工作。在双重领导下，若组织成员过于受控于职能部门，将削弱其在项目上的凝聚力，影响项目组织作用的发挥。

在项目施工高峰期，一些服务于多个项目的人员可能会应接不暇、顾此失彼。

（二）组织形式的选择

前面介绍的职能式、项目式和矩阵式三种项目组织结构形式各有各的优点和缺点，主要的优缺点如表1-1所示。其实这三种组织结构形式有着内在的联系，它们可以表示为一个变化的系列，职能式结构在一端，项目式结构在另一端，而矩阵式结构是介于职能式和项目式之间的一种结构形式。

表 1-1　三种组织结构形式的比较

组织形式	优点	缺点
职能式	没有重复的活动，职能优异	狭隘、不全面，反应缓慢，不注重实际客户
项目式	能控制资源，向客户负责	技术复杂，项目之间缺乏知识信息交流
矩阵式	有效利用资源，所有专业知识可供所有项目使用，促进学习、交流知识，沟通良好，注重客户	双层汇报关系，需要平衡权利

在具体的项目实践中，究竟选择何种项目的组织形式没有一个可循的公式。一般在充分考虑各种组织结构特点、企业特点、项目特点和项目所处环境等因素的条件下，才能作出较为恰当的选择。表 1-2 列出了选择项目组织结构形式应该考虑的一些关键因素。

表 1-2　影响项目组织结构形式选择的关键因素

组织结构 关键因素	职能式	矩阵式	项目式
不确定性	低	高	高
所用技术	标准	复杂	新
复杂程度	低	中等	高
持续时间	短	中等	长
规模	小	中等	大
重要性	低	中等	高
客户类型	各种各样	中等	单一
对内部依赖性	弱	中等	强
对外部依赖性	强	中等	强
时间限制性	弱	中等	强

一般来说，职能式组织结构比较适用于规模较小、偏重技术的项目，而不适用于环境变化较大的项目。因为环境的变化需要各职能部门间的紧密合作，而职能部门本身的存在，以及责权的界定会成为部门间密切配合不可逾越的障碍。当一个公司中包括许多项目或项目的规模较大、技术复杂时，应选择项目式的组织结构。同职能式组织结构相比，在对付不稳定的环境时，项目组织结构显示出自己潜在的长处，这来自项目团队的整体性和各类人才的紧密合作。同前两种组织结构相比，矩阵式组织形式无疑在充分利用组织资源上显示出了巨大的优越性，由于其融合了两种结构的优点，这种组织形式在进行技术复杂、规模巨大的项目管理时呈现出了明显的优势。

二、建筑工程项目管理规划

（一）项目管理规划的分类和作用

施工项目管理规划是作为指导施工项目管理工作的文件，对项目管理的目标、内容、组织、资源、方法、程序和控制措施进行安排。它是施工项目管理全过程的规划性的、全局性的技术经济文件，也称施工管理文件。

施工项目管理规划分为施工项目管理规划大纲和施工项目管理实施规划两类。

施工项目管理规划大纲的作用有两方面。一是作为投标人的项目管理总体构想，用以指导项目投标，以获取该项目的施工任务；非经营部分构成技术标书的组成部分作为投标人响应招标文件要求，即为编制投标书进行指导、筹划、提供原始资料。二是作为中标后详细编制可具体操作的项目管理实施规划的依据，即实施规划是规划大纲的具体化和深化。

施工项目管理实施规划的作用是具体指导施工项目的准备和施工，使施工企业项目管理的规划与组织、设计与施工、技术与经济、前方与后方、工程与环境等高效地协调起来，以取得良好的经济效果。

（二）项目管理规划大纲

施工项目管理规划大纲应体现投标人的技术和管理方案的可行性和先进性，以利于在竞争中获胜中标，因此要依靠企业管理层的智慧和经验进行编制，以取得充分依据，发挥综合优势。

施工项目管理规划大纲主要包括以下内容：①项目概况；②项目范围管理规划；③项目管理目标规划；④项目管理组织规划；⑤项目成本管理规划；⑥项目进度管理规划；⑦项目质量管理规划；⑧项目职业健康安全与环境管理规划；⑨项目采购与资源管理规划；⑩项目信息管理规划；⑪项目沟通管理规划；⑫项目风险管理规划；⑬项目收尾管理规划。

（三）项目管理实施规划

施工项目实施规划应以施工项目管理规划大纲的总体构想为指导来具体规定各项管理工作的目标要求、责任分工和管理方法，把履行施工合同和落实项目管理目标责任书的任务，贯穿在项目管理实施规划中，作为项目管理人员的行为准则。

施工项目管理实施规划必须由项目经理组织项目经理部在工程开工之前编制完成。监理工程师应审核承包人的施工项目管理实施规划，并在检查各项施工准备工作完成后，才能正式批准开工。

施工项目管理实施规划主要包括以下内容：①项目概况；②总体工作计划；③组织方案；④技术方案；⑤进度计划；⑥质量计划；⑦职业健康安全与环境管理计

划；⑧成本计划；⑨资源需求计划；⑩风险管理计划；⑪信息管理计划；⑫项目沟通管理计划；⑬项目收尾管理计划；⑭项目目标控制措施；⑮技术经济指标。

（四）项目管理实施规划与施工组织设计的区别

传统的施工组织设计是我国长期工程建设实践中总结出来的一项施工管理制度。目前，其仍在工程中贯彻执行根据编制的对象和深度要求的不同，分为施工组织总设计和单位工程施工组织设计两类。施工组织设计属于施工规划而非施工项目管理规划。《建筑工程项目管理规范》规定："当承包人以编制施工组织设计代替项目管理规划时，施工组织设计应满足项目管理规划的要求。"即施工组织设计应根据项目管理的需要，增加项目风险管理和信息管理等内容，使之成为项目管理的指导性文件。

（五）项目管理规划的总体要求

施工项目管理规划总体应满足以下要求：①符合招标文件、合同条件以及发包人（包括监理工程师）对工程的具体要求；②具有科学性和可执行性，符合工程实际的需要；③符合国家和地方的法律、法规、规程和规范的有关规定；④符合现代管理理论，尽量采用新的管理方法、手段和工具；⑤运用系统工程的理论和观点来组织项目管理，使规划达到最优化的效果。

第二章　建筑工程项目合同管理

第一节　建筑工程施工合同管理

一个建筑工程项目的实施涉及的建设任务很多,往往需要许多单位共同参与,不同的建设任务往往由不同的单位分别承担，这些参与单位与业主之间应该通过合同明确其承担的任务和责任以及所拥有的权利。根据合同中的任务内容，建设工程项目的合同可划分为勘察合同、设计合同、施工合同、工程监理合同、咨询合同等。

建筑工程施工合同有施工总承包合同和施工分包合同之分。施工总承包合同的发包人是建设工程项目的建设单位或取得建设工程项目总承包资格的项目总承包单位，在合同中一般称为业主或发包人。施工分包合同又有专业工程分包合同和劳务作业分包合同之分。施工分包合同的发包人一般是取得施工总承包合同的承包单位，在分包合同中一般仍沿用施工总承包合同中的名称，即仍称为承包人；而施工分包合同的承包人一般是专业化的专业工程施工单位或劳务作业单位，在施工分包合同中一般称为分包人或劳务分包人。

一、建筑工程施工合同的类型及选择

建设工程施工合同按计价方式的不同主要分为三种类型，即总价合同，单价合同和成本加酬金合同。

(一)总价合同

总价合同是指根据合同规定的工程施工内容和有关条件，业主应付给承包商的款额是一个规定的金额，即明确的总价。总价合同也称作总价包干合同，即根据施工招标时的要求和条件，当施工内容和有关条件不发生变化时，业主付给承包商的价款总额就不发生变化。总价合同又分固定总价合同和变动总价合同两种。

1.固定总价合同

固定总价合同的价格计算是以图纸及规定、规范为基础，工程任务和内容明确，业主的要求和条件清楚，合同总价一次敲定，固定不变，即不再因为环境的变化和工程量的增减而变化。在这类合同中，承包商承担了全部的工作量和价格的风险。因此，承包商在报价时应对一切费用的价格变动因素以及不可预见因素都作充分的

估计，并将其包含在合同价格之中。

固定总价合同适用于以下情况。

（1）工程量小、工期短，估计在施工过程中环境因素变化小，工程条件稳定并合理。

（2）工程设计详细，图纸完整，清楚，工程任务和范围明确。

（3）工程结构和技术简单，风险小。

（4）投标期相对宽裕，承包商可以有充足的时间详细考察现场、复核工程量，分析招标文件，拟定施工计划。

2. 变动总价合同

变动总价合同又称为可调总价合同，合同的价格是以图纸及规定、规范为基础，按照时价进行计算，得到包括全部工程任务和内容的暂定合同价格。合同总价是一种相对固定的价格，在合同执行过程中，由于通货膨胀等原因而使所使用的工、料成本增加时，可以按照合同约定对合同总价进行相应的调整。当然，一般对由于设计变更、工程量变化和其他工程条件变化所引起的费用变化也可以进行调整。因此，通货膨胀等不可预见因素的风险由业主承担，对承包商而言，其风险相对较小，但对业主而言不利于其进行投资控制，增加了突破投资的风险。

（二）单价合同

单价合同是承包人在投标时，按招、投标文件就分部分项工程所列出的工程量表确定各分部分项工程费用的合同类型。这类合同的适用范围比较宽，其风险可以得到合理的分摊，并且能鼓励承包商通过提高工效等手段节约成本，提高利润。这类合同能够成立的关键在于双方对单价和工程量技术方法的确认，在合同履行中需要注意的问题则是双方对实际工程量计量的确认。单价合同又分为固定单价合同和变动单价合同。

1. 固定单价合同

这也是经常采用的合同形式，可以按单价适当追加合同内容。特别是在设计或其他建设条件（如地质条件）还未落实（计算条件应明确），而以后又需增加工程内容或工程量时。在每月（或每阶段）工程结算时，根据实际完成的工程量结算，在工程全部完成时以竣工图的工程量最终结算工程总价款。

2. 变动单价合同

对在合同中签订的单价，根据合同约定的条款，如在工程实施过程中物价发生变化等可作调整。有的工程在招标或签约时，因某些不确定因素而在合同中会暂定某些分部分项工程的单价，工程结算时再根据实际情况和合同约定合同对单价进行调整，确定实际结算单价。

（三）成本加酬金合同

成本加酬金合同是由业主向承包人支付工程项目的实际成本，并按事先约定的某一种方式支付酬金的合同类型，即工程最终合同价格按承包商的实际成本加一定比例的酬金计算，而在合同签订时不能确定一个具体的合同价格，只能确定酬金的比例，其中酬金由管理费、利润及奖金组成。这类合同中，业主承担项目实际发生的一切费用，因此也就承担了项目的全部风险。承包单位由于无风险，所以报酬较低。

这类合同的缺点是业主对工程造价不易控制，承包商往往不注意降低项目的成本。

成本加酬金合同通常用于以下情况。

（1）工程特别复杂，工程技术、结构方案不能预先确定，或者尽管可以确定工程技术和结构方案，但不可能进行竞争性的招标活动并以总价合同或单价合同的形式确定承包商，如研究开发性质的工程项目。

（2）时间特别紧迫，如抢险、救灾工程等来不及进行详细的计划和商谈。

成本加酬金合同有许多种形式，主要为成本加固定费用合同、成本加固定比例费用合同、成本加奖金合同、最大成本加费用合同。

二、建筑工程施工合同文本的主要条款

为了规范和指导合同当事人双方的行为，住房和城乡建设部、国家工商行政管理总局对《建设工程施工合同（示范文本）》（GF-2013-0201）进行了修订，制定了《建筑工程施工合同（示范文本）》（GF-2017-0201）。该文本适用于各类公用建筑、民用住宅、工业厂房、交通设施及线路、管道的施工和设备安装等工程。针对各种工程中普遍存在专业工程分包的实际情况，为了规范管理，减少或避免纠纷、住房和城乡建设部、国家工商行政管理总局还发布了《建设工程施工专业分包合同（示范文本）》（GF-2003-0213）和《建设工程施工劳务分包合同（示范文本）》（GF-2003-0214）。

（一）概念

1. 施工合同的概念

施工合同即建筑安装工程承包合同，是发包人和承包人为完成商定的建筑安装工程，明确相互权利、义务关系的合同。签订施工合同的主要目的是明确责任，分工协作，共同完成建设工程项目的任务。

2.《建筑工程施工合同（示范文本）》简介

《建筑工程施工合同（示范文本）》一般主要由三个部分组成，即合同协议书、通用合同条款、专用合同条款。施工合同文件除了以上三个部分外，一般还应该包

括中标通知书、投标书及其附件、有关的标准和规范及技术文件、图纸、工程量清单、工程报价单或预算书等。

作为施工合同文件组成部分的上述各个文件，其优先顺序是不同的，原则上应把文件签署日期在后的和内容重要的排在前面，即更加优先。以下是合同通用条款规定的优先顺序。

（1）合同协议书（包括补充协议）。

（2）中标通知书。

（3）投标书及其附件。

（4）专用合同条款。

（5）通用合同条款。

（6）有关的标准、规范及技术文件。

（7）图纸。

（8）工程量清单。

（9）工程报价单或预算书等。

发包人在编制招标文件时，可以根据具体情况规定优先顺序。

（二）施工合同双方的一般责任和义务

1. 发包人的责任与义务

（1）提供具备施工条件的施工现场和施工用地。

（2）提供其他施工条件，包括将施工所需水、电、电信线路从施工场地外部接至专用条款的约定地点，并保证施工期间的需要，开通施工场地与城乡公共道路的通道以及专用条款约定的施工场地内的主要道路，满足施工运输的需要，保证施工期间的畅通。

（3）提供水文地质勘探资料和地下管线资料，提供现场测量基准点、基准线和水准点及有关资料，以书面形式交给承包人，并进行现场交验，提供图纸等其他与合同工程有关的资料。

（4）办理施工许可证和其他施工所需证件、批件，以及临时用地、停水、停电、中断道路交通、爆破作业等的申请批准手续（证明承包人自身资质的证件除外）。

（5）协调处理施工场地周围地下管线和邻近建筑物、构筑物（包括文物保护建筑）、古树名木的保护工作，承担有关费用。

（6）组织承包人和设计单位进行图纸会审和设计交底。

（7）按合同规定支付合同价款。

（8）按合同规定及时向承包人提供所需指令、批准等。

（9）按合同规定主持和组织工程的验收。

2. 承包人的责任与义务

（1）根据发包人委托，在其设计资质等级和业务允许的范围内，完成施工图设计或与工程配套的设计，经工程师确认后使用，发包人承担由此发生的费用。

（2）按合同要求的质量完成施工任务。

（3）按合同要求的工期完成并交付工程。

（4）按专用条款约定的数量和要求，向发包人提供施工场地办公和生活的房屋及设施，发包人承担由此发生的费用。

（5）遵守政府有关主管部门对施工场地交通、施工噪声以及环境保护和安全生产等的管理规定，按规定办理有关手续，并以书面形式通知发包人，发包人承担由此发生的费用，因承包人责任造成的罚款除外。

（6）负责保修期内的工程维修。

（7）接受发包人、工程师或其代表的指令。

（8）负责工地安全，看管进场材料、设备和未交工工程。

（9）负责对分包的管理，并对分包方的行为负责。

（10）按专用条款约定做好施工场地地下管线和邻近建筑物、构筑物（包括文物保护建筑）、古树名木的保护工作。

（11）安全施工，保证施工人员的安全和健康。

（12）保持现场整洁。

（13）按时参加各种检查和验收。

（三）施工进度计划和工期延误

1. 施工进度计划

承包人应按照施工组织设计约定提交详细的施工进度计划，施工进度计划的编制应当符合国家法律规定和一般工程实践惯例，施工进度计划经发包人批准后实施。施工进度计划是控制工程进度的依据，发包人和监理人有权按照施工进度计划检查工程进度情况。

承包人应按照施工组织设计约定的期限，向监理人提交工程开工报审表，经监理人报发包人批准后执行。监理人应在计划开工日期7天前向承包人发出开工通知，工期自开工通知中载明的开工日期起算。除专用合同条款另有约定外，因发包人原因造成监理人未能在计划开工日期之日起90天内发出开工通知的，承包人有权提出价格调整要求，或者解除合同。发包人应当承担由此增加的费用和（或）延误的工期，并向承包人支付合理利润。

2. 工期延误

在合同履行过程中，因下列情况导致工期延误和（或）费用增加的，由发包人承担由此延误的工期和（或）增加的费用，且发包人应支付承包人合理的利润。

（1）发包人未能按合同约定提供图纸或所提供图纸不符合合同约定的。

（2）发包人未能按合同约定提供施工现场、施工条件、基础资料、许可，批准等开工条件的。

（3）发包人提供的测量基准点、基准线和水准点及其书面资料存在错误或疏漏的。

（4）发包人未能在计划开工日期之日起 7 天内同意下达开工通知的。

（5）发包人未能按合同约定日期支付工程预付款、工程进度款或竣工结算款的。

（6）监理人未按合同约定发出指示、批准等文件的。

（7）专用合同条款中约定的其他情形。

（四）施工质量和检验

1. 承包人的质量管理

承包人按照施工组织设计约定向发包人和监理人提交工程质量保证体系及措施文件，建立完善的质量检查制度，并提交相应的工程质量文件。对于发包人和监理人违反法律规定和合同约定的错误指示，承包人有权拒绝实施。

承包人应按照法律规定和发包人的要求，对材料、工程设备以及工程的所有部位及其施工工艺进行全过程的质量检查和检验，并作详细记录，编制工程质量报表，报送监理人审查。此外，承包人还应按照法律规定和发包人的要求进行施工现场取样试验、工程复核测量和设备性能检测，提供试验样品、提交试验报告和测量成果以及其他工作。

2. 隐蔽工程检查

除专用合同条款另有约定外，工程隐蔽部位经承包人自检确认具备覆盖条件的，承包人应在共同检查前 48 小时书面通知监理人检查；除专用合同条款另有约定外，监理人不能按时进行检查的，应在检查前 24 小时向承包人提交书面延期要求，但延期不能超过 48 小时，由此导致工期延误的，工期应予以顺延。监理人未按时进行检查，也未提出延期要求的视为隐蔽工程检查合格，承包人可自行完成覆盖工作，并作相应记录报送监理人，监理人应签字确认。监理人事后对检查记录有疑问的可按专用合同条款的约定重新检查。

3. 不合格工程的处理

因承包人原因造成工程不合格的，发包人有权随时要求承包人采取补救措施，直至达到合同要求的质量标准，由此增加的费用和（或）延误的工期由承包人承担。无法补救的按拒绝接收全部或部分工程执行。

因发包人原因造成工程不合格的，由此增加的费用和（或）延误的工期由发包人承担，并支付承包人合理的利润。

（五）合同价款与支付

1. 工程预付款的支付

工程预付款的支付按照专用合同条款约定执行，但最迟应在开工通知载明的开工日期 7 天前支付。工程预付款应当用于材料、工程设备、施工设备的采购及修建临时工程、组织施工队进场等。发包人逾期支付工程预付款超过 7 天的，承包人有权向发包人发出要求预付的催告通知，发包人收到通知后 7 天内仍未支付的，承包人有权暂停施工，并按发包人违约的情形执行。

发包人要求承包人提供工程预付款担保的，承包人应在发包人支付工程预付款 7 天前提供工程预付款担保，专用合同条款另有约定除外。

2. 工程量的确认

承包人应于每月 25 日向监理人报送上月 20 日至当月 19 日已完成的工程量报告；监理人应在收到承包人提交的工程量报告后 7 天内完成对承包人提交的工程量报表的审核并报送发包人，以确定当月实际完成的工程量。监理人对工程量有异议的，有权要求承包人进行共同复核或抽样复测。承包人应协助监理人进行复核或抽样复测，并按监理人要求提供补充计量资料。

承包人未按监理人要求参加复核或抽样复测的，监理人复核或修正的工程量视为承包人实际完成的工程量。

3. 工程进度款的支付

承包人按照合同约定的时间按月向监理人提交进度付款申请单，监理人应在收到后 7 天内完成审查并报送发包人，发包人应在收到后 7 天内完成审批并签发工程进度款支付证书。发包人逾期未完成审批且未提出异议的视为已签发工程进度款支付证书。

除专用合同条款另有约定外，发包人应在工程进度款支付证书或临时工程进度款支付证书签发后 14 天内完成支付，发包人逾期支付工程进度款的，应按照中国人民银行发布的同期同类贷款基准利率支付违约金。

（六）竣工验收与结算

1. 竣工验收

工程具备以下条件的，承包人可以申请竣工验收。

（1）除发包人同意的甩项工作和缺陷修补工作外，合同范围内的全部工程以及有关工作，包括合同要求的试验、试运行以及检验均已完成，并符合合同要求。

（2）已按合同约定编制了甩项工作和缺陷修补工作清单以及相应的施工计划。

（3）已按合同约定的内容和份数备齐竣工资料。

承包人向监理人报送竣工验收申请报告，监理人应在收到竣工验收申请报告后14天内完成审查并报送发包人。监理人审查后认为已具备竣工验收条件的，应将竣工验收申请报告提交给发包人，发包人应在收到经监理人审核的竣工验收申请报告后28天内审批完毕并组织监理人、承包人、设计人等相关单位完成竣工验收。

竣工验收合格的，发包人应在验收合格后14天内向承包人签发工程接收证书。发包人无正当理由逾期不颁发工程接收证书的，自验收合格后第15天起视为已颁发工程接收证书。竣工验收不合格的，监理人应按照验收意见发出指示，要求承包人对不合格工程返工、修复或采取其他补救措施，由此增加的费用和（或）延误的工期由承包人承担。

工程经竣工验收合格的，以承包人提交竣工验收申请报告之日为实际竣工日期，并在工程接收证书中载明；因发包人原因，未在监理人收到承包人提交的竣工验收申请报告42天内完成竣工验收，或完成竣工验收不予签发工程接收证书的，以提交竣工验收申请报告的日期为实际竣工日期；工程未经竣工验收，发包人擅自使用的，以转移占有工程之日为实际竣工日期。

2. 竣工结算

承包人应在工程竣工验收合格后28天内向发包人和监理人提交竣工结算申请单；监理人应在收到竣工结算申请单后14天内完成核查并报送发包人；发包人应在收到监理人提交的经审核的竣工结算申请单后14天内完成审批，并由监理人向承包人签发经发包人签认的竣工付款证书。发包人在收到承包人提交竣工结算申请单28天内未完成审批且未提出异议的，视为发包人认可承包人提交的竣工结算申请单，并自发包人收到承包人提交的竣工结算申请单后第29天起视为已签发竣工付款证书。

除专用合同条款另有约定外，发包人应在签发竣工付款证书后的14天内完成对承包人的竣工付款。发包人逾期支付的，应按照中国人民银行发布的同期同类贷款基准利率支付违约金；逾期支付超过56天的，按照中国人民银行发布的同期同类贷款基准利率的2倍支付违约金。

（七）缺陷责任与保修

1. 缺陷责任

在工程移交给发包人后，因承包人原因产生的质量缺陷，承包人应承担质量缺陷责任和保修义务。缺陷责任期届满，承包人仍应按合同约定的工程各部位保修年限承担保修义务。

经合同当事人协商一致扣留质量保证金的应在专用合同条款中予以明确。质量保证金的扣留原则上采用在支付工程进度款时逐次扣留；发包人累计扣留的质量保证金不得超过结算合同价格的5%，如承包人在发包人签发竣工付款证书后28天内提交质量保证金保函，发包人应同时退还扣留的作为质量保证金的工程价款。

2. 保修

工程保修期从工程竣工验收合格之日起算，具体分部分项工程的保修期由合同当事人在专用合同条款中约定，但不得低于法定最低保修年限。在工程保修期内，承包人应当根据有关法律规定以及合同约定承担保修责任。

发包人未经竣工验收擅自使用工程的，保修期自转移占有之日起算。

（八）施工合同的违约责任

1. 发包人违约责任

在合同履行过程中发生的下列情形属于发包人违约。

（1）因发包人原因未能在计划开工日期前 7 天内下达开工通知的。

（2）因发包人原因未能按合同约定支付合同价款的。

（3）发包人违反变更的范围约定，自行实施被取消的工作或转由他人实施的。

（4）发包人提供的材料、工程设备的规格、数量或质量不符合合同约定，或因发包人原因导致交货日期延误或交货地点变更等情况的。

（5）因发包人违反合同约定造成暂停施工的。

（6）发包人无正当理由没有在约定期限内发出复工指示，导致承包人无法复工的。

（7）发包人明确表示或者以其行为表明不履行合同主要义务的。

（8）发包人未能按照合同约定履行其他义务的。

发包人应承担因其违约而给承包人增加的费用和（或）延误的工期，并向承包人支付合理，的利润。

2. 承包人违约责任

在合同履行过程中发生的下列情形属于承包人违约。

（1）承包人违反合同约定进行转包或违法分包的。

（2）承包人违反合同约定采购和使用不合格的材料和工程设备的。

（3）因承包人原因导致工程质量不符合合同要求的。

（4）承包人违反材料与设备专用要求的约定，未经批准，私自将已按照合同约定进入施工现场的材料或设备撤离施工现场的。

（5）承包人未能按施工进度计划及时完成合同约定的工作，造成工期延误的。

（6）承包人在缺陷责任期及保修期内，未能在合理期限对工程缺陷进行修复，或拒绝按发包人要求进行修复的。

（7）承包人明确表示或者以其行为表明不履行合同主要义务的。

（8）承包人未能按照合同约定履行其他义务的。

承包人应承担因其违约行为而增加的费用和（或）延误的工期。

第二节 建筑工程施工承包合同管理

建筑工程施工承包合同按计价方式主要有三种，即总价合同、单价合同和成本补偿合同。

一、单价合同的运用

当施工发包的工程内容和工程量不能十分明确、具体时，则可以采用单价合同形式，即根据计划工程内容和估算工程量，在合同中明确每项工程内容的单位价格（如每米、每平方米或者每立方米的价格），实际支付时则根据每一个子项的实际完成工程量乘以该子项的合同单价计算该项工作的应付工程款。

单价合同的特点是单价优先，如 FIDIC 土木工程施工合同中，业主给出的工程量清单表中的数字是参考数字，而实际工程款则按实际完成的工程量和合同中确定的单价计算。

虽然在投标报价、评标以及签订合同中，人们往往注重总价格，但在工程款结算中则是单价优先，对于投标书中明显的数字计算错误，业主有权利先作修改再评标，当总价和单价的计算结果不一致时，以单价为准调整总价。如某单价合同的投标报价单中，投标人报价如表 2-1 所示。

表 2-1 投标人报价

序号	工程分项	单位	数量	单价/元	合价/元
1					
2					
…					
X	钢筋混凝土	m^3	1 000	300	30 000
…					
总报价					8 100 000

根据投标人的投标单价，钢筋混凝土的合价应该是 300 000 元，而实际只写了 30 000 元，在评标时应根据单价优先原则对总报价进行修正，所以，正确的报价应该是 8 100 000+（300 000–30 000）=8 370 000（元）。

在实际施工时，如果实际工程量是 1 500 m^3 时，则钢筋混凝土工程的价款金额应该是 300×1 500=450 000（元）。

由于单价合同允许随工程量变化而调整工程总价，业主和承包商都不存在工程量方面的风险，因此对合同双方都比较公平。在招标前，发包单位无须对工程范围做出完整的、详尽的规定，从而可以缩短招标准备时间，投标人也只需对所列工程内容报出自己的单价，从而缩短投标时间。采用单价合同对业主的不便之处是业主需要安排专门力量来核实已经完成的工程量，需要在施工过程中花费不少精力，协调工作量大；用于计算应付工程款的实际工程量可能超过预测的工程量，即实际投资容易超过计划投资，对投资控制不利。

单价合同又分为固定单价合同和变动单价合同。在固定单价合同条件下，无论发生哪些影响价格的因素都不对单价进行调整，因而对承包商而言就存在一定的风险。当采用变动单价合同时，合同双方可以约定一个估计的工程量，当实际工程量发生较大变化时可以对单价进行调整，同时还应该约定如何对单价进行调整；当然，也可以约定，当通货膨胀达到一定水平或者国家政策发生变化时，可以对哪些工程内容的单价进行调整以及如何调整等。因此承包商的风险相对较小。固定单价合同适用于工期较短，工程量变化幅度不会太大的项目。

在工程实践中，采用单价合同有时也会根据估算的工程量计算一个初步的合同总价，作为投标报价和签订合同之用。当上述初步的合同总价与各项单价乘以实际完成的工程量之和发生矛盾时，则肯定以后者为准，即单价优先。实际工程款的支付也将以实际完成工程量乘以合同单价进行计算。

二、总价合同的运用

（一）总价合同的含义

所谓总价合同是指根据合同规定的工程施工内容和有关条件，业主应付给承包商的款额是一个规定的金额，即明确的总价。总价合同也称作总价包干合同，即根据施工招标时的要求和条件，当施工内容和有关条件不发生变化时，业主付给承包商的价款总额就不发生变化。总价合同又分固定总价合同和变动总价合同两种。

（二）固定总价合同

固定总价合同的价格计算是以图纸及规定、规范为基础，工程任务和内容明确，业主的要求和条件清楚，合同总价一次包全，固定不变，即不再因为环境的变化和工程量的增减而变化。在这类合同中，承包商承担了全部的工作量和价格的风险。因此，承包商在报价时应对一切费用的价格变动因素以及不可预见因素都作充分估计，并将其包含在合同价格之中。在国际上，这种合同被广泛接受和采用，因为其有比较成熟的法规和经验。对业主而言，在合同签订时就可以基本确定项目的总投资额，这对投资控制有利。在双方都无法预测的风险条件下和可能有工程变更的情况下，承包商承担了较大的风险，业主的风险较小。但工程变更和不可预见的困难也常常引起合同双方的纠纷或者诉讼，最终导致了其他费用的增加。

在固定总价合同中还可以约定，在发生重大工程变更、累计工程变更超过一定幅度或者其他特殊条件下可以对合同价格进行调整。因此需要定义重大工程变更的含义、累计工程变更的幅度以及什么样的特殊条件才能调整合同价格以及如何调整合同价格等。

采用固定总价合同，双方结算比较简单，但由于承包商承担了较大的风险，因此，报价中不可避免地要增加一笔较高的不可预见的风险费。承包商的风险主要来自两个方面：一是价格风险，二是工作量风险。价格风险有报价计算错误、漏报项目、物价和人工费上涨等；工作量风险有工程量计算错误、工程范围不确定、工程变更或者由于设计失误所造成的误差等。固定总价合同适用于以下情况：①工程量小、工期短，估计在施工过程中环境因素变化小，工程条件稳定并合理；②工程设计详细，图纸完整、清楚，工程任务和范围明确；③工程结构和技术简单，风险小；④投标期相对宽裕，承包商可以有充足的时间详细考察现场、复核工程量，分析招标文件，拟订施工计划。

（三）变动总价合同

变动总价合同又称为可调总价合同，合同价格是以图纸及规定、规范为基础，按照时价进行计算，得到包括全部工程任务和内容的暂定合同价格。它是一种相对固定的价格，在合同执行过程中，由于通货膨胀等原因而使所使用的工料成本增加时，可以按照合同约定对合同总价进行相应的调整。一般由于设计变更、工程量变化和其他工程条件变化所引起的费用变化也可以进行调整。因此，通货膨胀等不可预见因素的风险由业主承担，对承包商而言其风险相对较小，但对业主而言却不利于进行投资控制，突破投资的风险就有所增加。根据《建设工程施工合同（示范文本）》（GF-1999-0201），合同双方可约定在以下条件下可对合同价款进行调整：①法律、行政法规和国家有关政策变化影响合同价款；②工程造价管理部门公布的价格调整；③一周内非承包人原因停水、停电、停气造成的停工累计超过8小时；④双方约定的其他因素。

在工程施工承包招标时，施工期限一年左右的项目一般实行固定总价合同，通常不考虑价格调整问题，以签订合同时的单价和总价为准，物价上涨的风险全部由承包商承担。但对建设周期一年半以上的工程项目则应考虑下列因素引起的价格变化问题：①劳务工资以及材料费用的上涨；②其他影响工程造价的因素，如运输费、燃料费、电力等价格的变化；③外汇汇率的不稳定；④国家或者省、市立法的改变引起的工程费用的上涨。

（四）总价合同的特点和应用

采用总价合同时，对承发包工程的内容及其各种条件都应基本清楚、明确，否则，承发包双方都有蒙受损失的风险。一般是在施工图设计完成，施工任务和范围比较明确，业主的目标、要求和条件都清楚的情况下才采用总价合同。对业主来说，由于设计花费时间长，因而开工时间较晚，开工后的变更容易带来索赔，在设计过程中也难以吸收承包商的建议。总价合同的特点有以下几个方面。

（1）发包单位可以在报价竞争状态下确定项目的总造价，可以较早确定或者预测工程成本。

（2）业主的风险较小，承包人将承担较多的风险。

（3）评标时易于迅速确定最低报价的投标人。

（4）在施工进度上能极大地调动承包人的积极性。

（5）发包单位能更容易、更有把握地对项目进行控制。

（6）必须完整而明确地规定承包人的工作。

（7）必须将设计和施工方面的变化控制在最低限度内。

总价合同和单价合同有时在形式上很相似，如在有的总价合同的招标文件中也有工程量表，也要求承包商提出各分项工程的报价，这与单价合同在形式上很相似，但两者在性质上是完全不同的。总价合同是总价优先，承包商报价，双方商讨并确定合同总价，最终也按总价结算。

三、成本加酬金合同的运用

（一）成本加酬金合同的含义

成本加酬金合同也称为成本补偿合同，这是与固定总价合同正好相反的合同，工程施工的最终合同价格将按照工程的实际成本再加上一定的酬金进行计算。在合同签订时，工程实际成本往往不能确定，只能确定酬金的取值比例或者计算原则。采用这种合同，承包商不承担任何价格变化或工程量变化的风险，这些风险主要由业主承担，对业主的投资控制很不利，而承包商则往往缺乏控制成本的积极性，常常不仅不愿意控制成本，甚至还会期望提高成本以提高自己的经济效益，因此，这种合同容易被那些不道德或不称职的承包商滥用，从而损害工程的整体效益，所以应尽量避免采用这种合同。

（二）成本加酬金合同的适用条件和优缺点

工程特别复杂，工程技术、结构方案不能预先确定，或者尽管可以确定工程技术和结构方案，但不可能进行竞争性的招标活动并以总价合同或单价合同的形式确定承包商。如研究开发性质的工程项目。或时间特别紧迫，如抢险、救灾工程等来不及进行详细的计划和商谈。

对业主而言，这种合同形式也有一定的优点，如：①可以通过分段施工缩短工期，而不必等待所有施工图完成才开始招标和施工；②可以减少承包商的对立情绪，承包商对工程变更和不可预见条件的反应会比较积极和快捷；③可以利用承包商的施工技术专家帮助改进或弥补设计中的不足；④业主可以根据自身力量和需要，较深入地介入和控制工程施工和管理；⑤也可以通过确定最大保证价格约束工程成本不超过某一限值，从而转移一部分风险。

对承包商来说，这种合同比固定总价合同的风险低，利润有保证，因而比较有积极性，缺点则是合同的不确定性，由于设计未完成，无法准确确定合同的工程内容、工程量以及合同的终止时间，有时难以对工程计划进行合理安排。

（三）成本加酬金合同的形式

（1）成本加固定费用合同。根据双方讨论同意的工程规模估计工期、技术要求、工作性质及复杂性、所涉及的风险等来考虑确定一笔固定数目的报酬金额作为管理费及利润，对人工、材料、机械台班等直接成本则实报实销。如果设计变更或增加新项目，当直接费用超过原估算成本的一定比例（如10%）时，固定的报酬也要增加。在工程总成本初期估计不准，但可能变化不大的情况下，可采用此合同形式，有时可分几个阶段谈判付给固定报酬。这种方式虽然不能鼓励承包商降低成本，但为了尽快得到酬金，承包商会尽力缩短工期。有时也可在固定费用之外根据工程质量、工期和节约成本等因素给承包商另加奖金，以鼓励承包商积极工作。

（2）成本加固定比例费用合同。工程成本中直接费用加一定比例的报酬费，报酬部分的比例在签订合同时由双方确定。这种方式的报酬费用总额随成本增加而增加，不利于缩短工期和降低成本。一般在工程初期很难描述工作范围和性质，或工期紧迫，无法按常规编制招标文件招标时采用。

（3）成本加奖金合同。奖金是根据报价书中的成本估算指标制定的，在合同中对这个估算指标规定一个底点和顶点，分别为工程成本估算的60%～75%和110%～135%。承包商在估算指标的顶点以下完成工程则可得到奖金，超过顶点则要对超出部分支付罚款。如果成本在底点之下，则可加大酬金值或酬金百分比。采用这种方式通常规定，当实际成本超过顶点对承包商罚款时，最大罚款限额不超过原先商定的最高酬金值。在招标时，当图纸、规范等准备不充分，不能据以确定合同价格，而仅能制定一个估算指标时可采用这种形式。

（4）最大成本加费用合同。在工程成本总价合同基础上加固定酬金费用的方式，即投标人报一个工程成本总价和一个固定的酬金（包括各项管理费、风险费和利润）。如果实际成本超过合同中规定的工程成本总价，由承包商承担所有的额外费用，若实施过程中节约了成本，节约的部分归业主或者由业主与承包商分享，在合同中要确定节约分成比例。在非代理型（风险型）（CM）模式的合同中就采用这种方式。

（四）成本加酬金合同的应用

当实行施工总承包管理模式或 CM 模式时，业主与施工总承包管理单位或 CM 单位的合同一般采用成本加酬金合同。在国际上，许多项目管理合同、咨询服务合同等也多采用成本加酬金合同方式。在施工承包合同中采用成本加酬金计价方式时，业主与承包商应该注意以下问题。

（1）必须有一个明确的如何向承包商支付酬金的条款，包括支付时间和金额百分比，以及如果发生变更和其他变化，酬金支付如何调整等。

（2）应该要列出工程费用清单，规定一套详细的工程现场有关的数据记录、信息存储甚至记账的格式和方法，以便对工地实际发生的人工、机械和材料消耗等数据认真而及时地记录。应该保留有关工程实际成本的发票或付款的账单、表明款额已经支付的记录或证明等，以便业主进行审核和结算。

四、建筑工程担保

担保是为了保证债务的履行，确保债权的实现，在债务人的信用或特定的财产之上设定的特殊的民事法律关系。其法律关系的特殊性表现在一般的民事法律关系的内容（权利和义务）基本处于一种确定的状态，而担保的内容处于一种不确定的状态，即当债务人不按主合同之约定履行债务导致债权无法实现时，担保的权利和义务才能确定并成为现实。

我国担保法规定的担保方式有五种，即保证、抵押、质押、留置和定金。建设工程中经常采用的担保种类有投标担保、履约担保、支付担保、预付款担保、工程保修担保等。

（一）投标担保的内容

1. 投标担保的含义

投标担保或投标保证金，是指投标人保证中标后履行签订承发包合同的义务，否则招标人将对投标保证金予以没收。《工程建设项目施工招标投标办法》（2013 年修订）规定，施工投标保证金的数额一般不得超过投标总价的 2%，且最高不得超过 80 万元人民币。投标保证金有效期应当超出投标有效期 30 天。投标人不按招标文件要求提交投标保证金的，该投标文件将被拒绝，作废标处理。《工程建设项目勘察设计招标投标办法》（2013 年修订）规定，招标文件要求投标人提交投标保证金的，保证金数额一般不超过勘察设计费投标报价的 2%，最多不超过 10 万元人民币。国际上常见的投标担保的保证金数额为 2% ~ 5%。

2. 投标担保的形式

投标担保可以采用保证担保、抵押担保等方式，其具体的形式有很多种，通常有如下几种：①现金；②保兑支票；③银行汇票；④现金支票；⑤不可撤销信用证；⑥银行保函；⑦由保险公司或者担保公司出具投标保证书。

3. 投标担保的作用

投标担保的主要目的是保护招标人不因中标人不签约而蒙受经济损失。投标担保要确保投标人在投标有效期内不要撤回投标书，以及投标人在中标后保证与业主签订合同并提供业主所要求的履约担保、预付款担保等。投标担保的另一个作用是在一定程度上可以起筛选投标人的作用。

（二）履约担保的内容

1. 履约担保的含义

所谓履约担保，是指招标人在招标文件中规定的要求中标的投标人提交的保证履行合同义务和责任的担保。履约担保的有效期始于工程开工之日，终止日期则可以约定为工程竣工交付之日或者保修期满之日。由于合同履行期限应该包括保修期，履约担保的时间范围也应该覆盖保修期，如果确定履约担保的终止日期为工程竣工交付之日，则需要另外提供工程保修担保。

2. 履约担保的形式

履约担保可以采用银行保函或者履约担保书的形式。在保修期内，工程保修担保可以采用预留保留金的方式。

（1）银行履约保函。银行履约保函是由商业银行开具的担保证明，通常为合同金额的 10% 左右。银行保函分为有条件的银行保函和无条件的银行保函。有条件的银行保函是指在承包人没有实施合同或者未履行合同义务时，由发包人或工程师出具证明说明情况，并由担保人对已执行合同部分和未执行部分加以鉴定，确认后才能收兑银行保函，由发包人得到保函中的款项，建筑行业通常倾向于采用有条件的保函。无条件的银行保函是在承包人没有实施合同或者未履行合同义务时，发包人只要看到承包人违约，不需要出具任何证明和理由就可对银行保函进行收兑。

（2）履约担保书。由担保公司或者保险公司开具履约担保书，当承包人在执行合同过程中违约时，开出担保书的担保公司或者保险公司用该项担保金去完成施工任务或者向发包人支付完成该项目所实际花费的金额，但该金额必须在保证金的担保金额之内。

（3）保留金。保留金是指在发包人（工程师）根据合同的约定，每次支付工程进度款时扣除一定数目的款项作为承包人完成其修补缺陷义务的保证。保留金一般为每次工程进度款的 10%，但总额一般应限制在合同总价款的 5%（通常最高不得超过 10%）。一般在工程移交时，发包人（工程师）将保留金的一半支付给承包人；质量保修期或缺陷责任期满时，将剩下的一半支付给承包人。

3. 履约担保的作用

履约担保将在很大程度上促使承包商履行合同约定，完成工程建设任务，从而有利于保护业主的合法权益。一旦承包人违约，担保人要代为履约或者赔偿经济损失。履约保证金额的大小取决于招标项目的类型与规模，但必须保证承包人违约时，发包人不受损失。在投标须知中，发包人要规定使用哪一种形式的履约担保。中标人应当按照招标文件中的规定提交履约担保。

（三）预付款担保的内容

1. 预付款担保的含义

建设工程合同签订以后，发包人往往会支付给承包人一定比例的预付款，一般为合同金额的 10%，如果发包人有要求，承包人应该向发包人提供预付款担保。预付款担保是指承包人与发包人签订合同后领取预付款之前，为保证正确、合理使用发包人支付的预付款而提供的担保。

2. 预付款担保的形式

（1）银行保函。预付款担保的主要形式是银行保函。预付款担保的担保金额通常与发包人的预付款是等值的。预付款一般逐月从工程付款中扣除，预付款担保的担保金额也相应逐月减少。承包人在施工期间应当定期从发包人处取得同意此保函减值的文件，并送交银行确认。承包人还清全部预付款后，发包人应退还预付款担保，承包人将其退回银行注销，解除担保责任。

（2）发包人与承包人约定的其他形式。预付款担保也可由担保公司提供保证担保，或采取抵押等担保形式。

3. 预付款担保的作用

预付款担保的主要作用在于保证承包人能够按合同规定进行施工，偿还发包人已支付的全部预付金额。如果承包人中途毁约，中止工程，使发包人不能在规定期限内从应付工程款中扣除全部预付款，则发包人作为保函的受益人有权凭预付款担保向银行索赔该保函的担保金额作为补偿。

（四）支付担保的内容

1. 支付担保的含义

支付担保是中标人要求招标人提供的保证履行合同中约定的工程款支付义务的担保。在国际上还有一种特殊的担保——付款担保，即在有分包人的情况下，业主要求承包人提供的保证向分包人付款的担保，即承包商向业主保证，将把业主支付的款项用于实施分包工程的工程款及时、足额地支付给分包人。在美国等许多国家的公共投资领域，付款担保是一种法定担保。付款担保在私人项目中也有所应用。

2. 支付担保的形式

支付担保通常采用如下的几种形式：银行保函、履约保证金和担保公司担保。发包人的支付担保应是金额担保。实行履约金分段滚动担保。支付担保的额度为工程合同总额的 20% ~ 25%。本段清算后进入下段。已完成担保额度，若发包人未能按时支付，承包人可依据担保合同暂停施工，并要求担保人承担支付责任和补偿相应的经济损失。

3. 支付担保的作用

工程款支付担保的作用在于通过对业主资信状况进行严格审查并落实各项担保措施，确保工程费用及时支付到位；一旦业主违约，付款担保人将代为履约。发包人要求承包人提供保证向分包人付款的付款担保，可以保证工程款真正支付给实施工程的单位或个人，如果承包人不能及时、足额地将分包工程款支付给分包人，业主也可以向担保人索赔，并直接向分包人付款。

上述对工程款支付担保的规定对解决我国建筑市场工程款拖欠现象具有特殊重要的意义。

4. 支付担保有关规定

《建筑工程施工合同（示范文本）》第 41 条规定了关于发包人工程款支付担保的内容。发包人和承包人为了全面履行合同，应互相提供以下担保：①发包人向承包人提供履约担保，按合同约定支付工程价款及履行合同约定的其他义务；②承包人向发包人提供履约担保，按合同约定履行自己的各项义务；③一方违约后，另一方可要求提供担保的第三人承担相应责任；④提供担保的内容、方式和相关责任，发包人和承包人除在专用条款中约定外，被担保方与担保方还应签订担保合同作为本合同附件。

第三节　建筑工程施工合同实施

一、施工合同分析的任务

（一）合同分析的含义

合同分析是从合同执行的角度去分析、补充和解释合同的具体内容和要求，将合同目标和合同规定落实到合同实施的具体问题和具体时间上，用于指导具体工作，使合同能符合日常工程管理的需要，使工程按合同要求实施，为合同执行和控制确定依据。合同分析不同于招标投标过程中对招标文件的分析，其目的和侧重点都不同。合同分析往往由企业的合同管理部门或项目中的合同管理人员负责。

（二）合同分析的目的和作用

1. 合同分析的必要性

由于以下诸多因素的存在，承包人在签订合同后、履行和实施合同前有必要进行合同分析。

（1）许多合同条文采用法律用语，往往不够直观明了，不容易理解，通过补充和解释，可以使之简单、明确、清晰。

（2）同一个工程中的不同合同形成一个复杂的体系，十几份、几十份甚至上百份合同之间有十分复杂的关系。

（3）合同事件和工程活动的具体要求（如工期、质量、费用等），合同各方的责任关系，事件和活动之间的逻辑关系等极为复杂。

（4）许多工程小组，项目管理职能人员所涉及的活动和问题不是合同文件的全部，而仅为合同的部分内容，全面理解合同对合同的实施将会产生重大影响。

（5）在合同中依然存在问题和风险，包括合同审查时已经发现的风险和还可能隐藏着的尚未发现的风险。

（6）合同中的任务需要分解和落实。

（7）在合同实施过程中，合同双方会有许多争执，在分析时就可以预测预防。

2. 合同分析的作用

（1）分析合同中的漏洞，解释有争议的内容。在合同起草和谈判过程中，双方都会力争完善，但仍然难免会有所疏漏，通过合同分析找出漏洞，可以作为履行合同的依据。在合同执行过程中，合同双方有时也会发生争议，这往往是双方对合同条款的理解不一致造成的，通过分析，双方可以就合同条文达成一致理解，从而解决争议。在遇到索赔事件后，合同分析也可以为索赔提供理由和根据。

（2）分析合同风险，制定风险对策。不同工程合同的风险来源和风险量的大小都不同，要根据合同进行分析，并采取相应的对策。

（3）合同任务分解、落实。在实际工程中，合同任务需要分解落实到具体的工程小组或部门、人员身上，要将合同中的任务进行分解，将合同中与各部分任务相对应的具体要求明确，然后落实到具体的工程小组或部门、人员身上，以便于实施与检查。

3. 建设工程施工合同分析的内容

（1）合同的法律基础。即合同签订和实施的法律背景。通过分析，承包人了解适用于合同的法律的基本情况（范围、特点等），用以指导整个合同实施和索赔工作。对合同中明示的法律应重点分析。

（2）承包人的主要任务。承包人的总任务，即合同标的。承包人在设计、采购、制作、试验、运输、土建施工、安装、验收、试生产、缺陷责任期维修等方面的主要责任，施工现场的管理，给业主的管理人员提供生活和工作条件等责任。承包人工作范围通常由合同中的工程量清单、图纸、工程说明、技术规范所定义。工程范围的界限应很清楚，否则，会影响工程变更和索赔，特别对固定总价合同。在合同实施中，如果工程师指令的工程变更属于合同规定的工程范围，则承包人必须无条件执行；如果工程变更超过承包人应承担的风险范围，则可向业主提出工程变更的补偿要求。

关于工程变更的规定，在合同实施过程中，变更程序非常重要，通常要做工程变更工作流程图，并交付相关的职能人员。工程变更的补偿范围通常以合同金额一定的百分比表示。通常这个百分比越大，承包人的风险就越大。工程变更的索赔有效期由合同具体规定，一般为28天，也有14天的。一般这个时间越短，对承包人管理水平的要求越高，对承包人越不利。

（3）发包人的责任。这里主要分析发包人（业主）的合作责任。其责任通常有如下几方面：①业主雇佣工程师并委托其在授权范围内履行业主的部分合同责任；②业主和工程师有责任对平行的各承包人和供应商之间的责任界限做出划分，对这方面的争执做出裁决，对他们的工作进行协调，并承担管理和协调失误造成的损失；③及时作出承包人履行合同所必需的决策，如下达指令、履行各种批准手续、作出认可、答复请示，完成各种检查和验收手续等；④提供施工条件，如及时提供设计资料、图纸、施工场地、道路等；按合同规定及时支付工程款，及时接收已完工程等。

（4）合同价格。对合同的价格应重点分析以下几个方面：①合同所采用的计价方法及合同价格所包括的范围；②工程量计量程序、工程款结算（包括进度付款、竣工结算、最终结算）方法和程序；③合同价格的调整，即费用索赔的条件、价格调整方法、计价依据、索赔有效期规定；④拖欠工程款的合同责任。

（5）施工工期。在实际工程中，工期拖延极为常见和频繁，而且对合同实施和索赔的影响很大，所以要特别重视。

（6）违约责任。如果合同一方未遵守合同规定，造成对方损失，应受到相应的合同处罚。通常包括：①承包人不能按合同规定工期完成工程的违约金或承担业主损失的条款；②由于管理上的疏忽造成对方人员和财产损失的赔偿条款；③由于预谋或故意行为造成对方损失的处罚和赔偿条款；④由于承包人不履行或不能正确地履行合同责任，或出现严重违约时的处理规定；⑤由于业主不履行或不能正确地履行合同责任，或出现违约时的处理规定，特别是对业主不及时支付工程款的处理规定等。

（7）验收、移交和保修。验收包括许多内容，如材料和机械设备的现场验收、隐蔽工程验收、单项工程验收、全部工程竣工验收等。

在合同分析中，应对重要的验收要求、时间、程序以及验收所带来的法律后果作说明。竣工验收合格即办理移交。移交作为一个重要的合同事件，同时又是一个重要的法律概念。它表示的含义有：①业主认可并接收工程，承包人工程施工任务的完结；②工程所有权的转让；③承包人工程照管责任的结束和业主工程照管责任的开始；④保修责任的开始；⑤合同规定的工程款支付条款有效。

（8）索赔程序和争执的解决。它决定着索赔的解决方法。其包含索赔的程序，争议的解决方式和程序；仲裁条款，包括仲裁所依据的法律、仲裁地点、方式和程序、仲裁结果的约束力等。

二、施工合同交底的任务

合同和合同分析的资料是工程实施管理的依据。合同分析后，应向各层次管理者作"合同交底"，即由合同管理人员在对合同的主要内容进行分析、解释和说明的基础上，通过组织项目管理人员和各个工程小组学习合同条文和合同总体分析结果，使大家熟悉合同中的主要内容、规定、管理程序，了解合同双方的合同责任和工作范围、各种行为的法律后果等，使大家都树立全局观念，使各项工作协调一致，避免执行中的违约行为。在传统的施工项目管理系统中，人们十分重视图纸交底工作，却不重视合同分析和合同交底工作，导致各个项目组和各个工程小组对项目的合同体系、合同基本内容不甚了解，影响了合同的履行。项目经理或合同管理人员应将各种任务或事件的责任分解，落实到具体的工作小组、人员或分包单位。合同交底的目的和任务如下。

（1）对合同的主要内容达成一致理解。

（2）将各种合同事件的责任分解落实到各工程小组或分包人。

（3）将工程项目和任务分解，明确其质量和技术要求以及实施的注意要点等。

（4）明确各项工作或各个工程的工期要求。

（5）明确成本目标和消耗标准。

（6）明确相关事件之间的逻辑关系。

（7）明确各个工程小组（分包人）之间的责任界限。

（8）明确完不成任务的影响和法律后果。

（9）明确合同有关各方（如业主、监理工程师）的责任和义务。

三、施工合同实施的控制

在工程实施过程中要对合同的履行情况进行跟踪与控制，并加强工程变更管理，保证合同的顺利履行。

（一）施工合同跟踪

合同签订以后，合同中各项任务的执行要落实到具体的项目经理部或具体的项目参与人员身上，承包单位作为履行合同义务的主体，必须对合同执行者（项目经理部或项目参与人）的履行情况进行跟踪、监督和控制，确保合同义务的完全履行。施工合同跟踪有两个方面的含义。一是承包单位的合同管理职能部门对合同执行者（项目经理部或项目参与人）的履行情况进行的跟踪、监督和检查。二是合同执行者（项目经理部或项目参与人）本身对合同计划的执行情况进行的跟踪、检查与对比。在合同实施过程中二者缺一不可。对合同执行者而言，应该掌握合同跟踪的以下方面。

1. 合同跟踪的依据

首先，合同跟踪的重要依据是合同以及依据合同而编制的各种计划文件；其次，还要依据各种实际工程文件，如原始记录、报表、验收报告等；最后，还要依据管理人员对现场情况的直观了解，如现场巡视、交谈、会议、质量检查等。

2. 合同跟踪的对象

（1）工程施工的质量。包括材料、构件、制品和设备等的质量以及施工或安装质量是否符合合同要求等。

（2）工程进度。是否在预定期限内施工，工期有无延长，延长的原因等。

（3）工程数量。是否按合同要求完成全部施工任务，有无合同规定以外的施工任务等。

（4）成本的增加和减少。

可以将工程施工任务分解交由不同的工程小组或发包给专业分包完成，工程承包人必须对这些工程小组或分包人及其所负责的工程进行跟踪检查、协调关系，提出意见、建议或警告，保证工程总体质量和进度。对专业分包人的工作和负责的工程，总承包商负有协调和管理的责任，并承担由此造成的损失，所以专业分包人的工作和负责的工程必须纳入总承包工程的计划和控制中，防止因分包人工程管理失误而影响全局。

业主委托的工程师的工作包含：①业主是否及时、完整地提供了工程施工的实施条件，如场地、图纸、资料等；②业主和工程师是否及时给予了指令、答复和确认等；③业主是否及时并足额地支付了应付的工程款项。

（二）合同实施的偏差分析

通过合同跟踪，双方可能会发现合同实施中存在偏差，即工程实施实际情况偏离了工程计划和工程目标，此时应该及时分析原因，采取措施，纠正偏差，避免损失。合同实施偏差分析的内容包括以下几个方面。

1. 产生偏差的原因分析

通过对合同执行实际情况与实施计划的对比分析，不仅可以发现合同实施的偏差，还可以找出引起差异的原因。原因分析可以采用鱼刺图、因果关系分析图（表）、成本量差、价差、效率差分析等方法定性或定量地进行。

2. 合同实施偏差的责任分析

即分析产生合同偏差的原因是由谁引起的，应该由谁承担责任。责任分析必须以合同为依据，按合同规定落实双方的责任。

3. 合同实施趋势分析

针对合同实施偏差情况，可以采取不同的措施，应分析在不同措施下合同执行的结果与趋势，包括最终的工程状况；总工期的延误、总成本的超支、质量标准、所能达到的生产能力（或功能要求）等；承包商将承担什么样的后果，如被罚款、被清算，甚至被起诉，对承包商资信、企业形象、经营战略的影响等；最终工程经济效益。

（三）合同实施偏差处理

根据合同实施偏差分析的结果，承包商应该采取相应的调整措施。

（1）组织措施。如增加人员投入、调整人员安排、调整工作流程和工作计划等。

（2）技术措施。如变更技术方案，采用新的高效率的施工方案等。

（3）经济措施。如增加投入，采取经济激励措施等。

（4）合同措施。如进行合同变更、签订附加协议、采取索赔手段等。

（四）工程变更管理

工程变更一般是指在工程施工过程中，根据合同约定对施工的程序、工程的内容、数量，质量要求及标准等做出的变更。

1. 工程变更的原因

（1）业主新的变更指令，对建筑的新要求，如业主有新的意图、修改项目计划、削减项目预算等。

（2）由于设计人员、监理方人员、承包商事先没有很好地理解业主的意图，或设计的错误导致图纸修改。

（3）工程环境的变化，预定的工程条件不准确，要求实施方案或实施计划变更。

（4）由于产生新技术和知识，有必要改变原设计、原实施方案或实施计划，或由于业主指令及业主责任的原因造成承包商施工方案的改变。

（5）政府部门对工程新的要求，如国家计划变化、环境保护要求、城市规划变动等。

（6）由于合同实施出现问题，必须调整合同目标或修改合同条款。

2. 工程变更的范围

根据 FIDIC 施工合同条件，工程变更的内容可能包括以下几个方面。

（1）改变合同中所包括的任何工作的数量。

（2）改变任何工作的质量和性质。

（3）改变工程任何部分的标高、基线、位置和尺寸。

（4）删减任何工作，但要交他人实施的工作除外。

（5）任何永久工程需要的任何附加工作、工程设备、材料或服务。

（6）改动工程的施工顺序或时间安排。

根据我国施工合同示范文本，工程变更包括设计变更和工程质量标准和其他实质性内容的变更，其中设计变更包括：①更改工程有关部分的标高、基线、位置和尺寸；②增减合同中约定的工程量；③改变有关工程的施工时间和顺序；④其他有关工程变更需要的附加工作。

3. 工程变更的程序

根据统计，工程变更是索赔的主要原因。由于工程变更对工程施工过程影响很大，会造成工期的拖延和费用的增加，容易引起双方的争执，所以要十分重视工程变更管理问题。一般工程施工承包合同中都有关于工程变更的具体规定。工程变更一般按照如下程序进行。

（1）提出工程变更。根据工程实施的实际情况，以下单位都可以根据需要提出工程变更：承包商、业主方、设计方。

（2）工程变更的批准。承包商提出的工程变更应该交予工程师审查并批准；由设计方提出的工程变更应该与业主协商或经业主审查并批准；由业主方提出的工程变更，涉及设计修改的应该与设计单位协商，并一般通过工程师发出。工程师发出工程变更的权利，一般会在施工合同中明确约定，通常在发出变更通知前应征得业主批准。

（3）工程变更指令的发出及执行。为了避免耽误工程，工程师和承包人就变更价格和工期补偿达成一致意见之前有必要先行发布变更指示，先执行工程变更工作，然后再就变更价格和工期补偿进行协商和确定。

工程变更指示的发出有两种形式：书面形式和口头形式。一般情况下要求用书面形式发布变更指示，如果由于情况紧急而来不及发出书面指示，承包人应该根据合同规定要求工程师书面认可。根据工程惯例，除非工程师明显超越合同权限，承包人应该无条件地执行工程变更的指示。即使工程变更价款没有确定，或者承包人对工程师答应给予付款的金额不满意，承包人也必须一边进行变更工作，一边根据合同寻求解决办法。

4. 工程变更的责任分析与补偿要求

根据工程变更的具体情况可以分析确定工程变更的责任和费用补偿。

（1）由于业主、政府部门要求，环境变化、不可抗力、原设计错误等导致的设计修改，应该由业主承担责任。由此所造成的施工方案的变更以及工期的延长和费用的增加应该向业主索赔。

（2）由于承包人在施工过程、施工方案中出现错误、疏忽而导致的设计修改，应该由承包人承担责任。

（3）施工方案变更要经过工程师的批准，不论这种变更是否会给业主带来好处（如工期缩短、节约费用）。

由于承包人的施工过程、施工方案本身的缺陷而导致施工方案的变更，由此所引起的费用增加和工期延长应该由承包人承担责任。业主向承包人授标或签订合同前，可以要求承包人对施工方案进行补充、修改或作出说明，以便符合业主的要求。在授标或签订合同后业主为了加快工期，提高质量等要求变更施工方案，由此所引起的费用增加可以向业主索赔。

四、施工分包管理的方法

建设工程施工分包包括专业工程分包和劳务作业分包两种。在国内，建设工程施工总承包或者施工总承包管理的任务往往是由那些技术密集型和综合管理型的大型企业获得或承担，项目中的许多专业工程施工往往由那些中小型的专业化公司或劳务公司承担。工程施工的分包是国内目前非常普遍的现象和工程实施方式。

（一）对施工分包单位进行管理的责任主体

施工分包单位的选择可由业主指定，也可以在业主同意的前提下由施工总承包或者施工总承包管理单位自主选择，其合同既可以与业主签订，也可以与施工总承包或者施工总承包管理单位签订。一般情况下，无论是业主指定的分包单位还是施工总承包或者施工总承包管理单位选定的分包单位，其分包合同都是与施工总承包或者施工总承包管理单位签订。对分包单位的管理责任也是由施工总承包或者施工总承包管理单位承担。也就是说，施工总承包或者施工总承包管理单位将会向业主承担分包单位负责施工的工程质量、工程进度、安全等的责任。

在许多大型工程的施工中，业主指定分包的工程内容比较多，指定分包单位的数量也比较多。施工总承包单位往往对指定分包单位疏于管理，出现问题后就百般推脱责任，以"该分包单位是业主找的，不是自己找的"等为理由推卸责任。特别是在施工总承包管理模式下，几乎所有分包单位的选择都是由业主决定的，而由于施工总承包管理单位几乎不进行具体工程的施工，其派驻该工程的管理力量就相对薄弱，对分包单位的管理就非常容易形成漏洞，或造成缺位。必须明确的是，对施工分包单位进行管理的第一责任主体是施工总承包单位或施工总承包管理单位。

（二）分包管理的内容

对施工分包单位管理的内容包括成本控制、进度控制，质量控制、安全管理、信息管理、人员管理，合同管理等。

1. 成本控制

首先，无论采用何种计价方式都可以通过竞争方式降低分包工程的合同价格，从而降低承包工程的施工总成本；其次，在对分包工程款的支付审核方面，通过严格审核实际完成工程量，建立工程款支付与工程质量和工程实际进度挂钩的联动审核方式，防止超付和早付。对于业主指定分包，如果不是由业主直接向分包支付工程款，则要把握分包工程款的支付时间，一定要在收到业主的工程款之后才能支付，并应扣除管理费、配合费和质量保证金等。

2. 进度控制

首先，应该根据施工总进度计划提出分包工程的进度要求，向施工分包单位明确分包工程的进度目标；其次，应该要求施工分包单位按照分包工程的进度目标要求建立详细的分包工程施工进度计划，通过审核判断其是否合理，是否符合施工总进度计划的要求，并在工程进展过程中严格控制其执行。在施工分包合同中应该确定进度计划拖延的责任，并在施工过程中进行严格考核。在工程进展过程中，承包单位还应该积极为分包工程的施工创造条件，及时审核和签署有关文件以保证材料供应，协调好各分包单位之间的关系，按照施工分包合同的约定履行好施工总承包人的职责。

3. 质量控制和安全管理

首先，在分包工程施工前，应该向分包人明确施工质量要求，要求施工分包人建立质量保证体系，制定质量保证和安全管理措施，经审查批准后再进行分包工程的施工；其次，施工过程中，应严格检查施工分包人的质量保证与安全管理体系及措施的落实情况，并根据总包单位自身的质量保证体系控制分包工程的施工质量。应该在承包人和分包人自检合格的基础上提交业主方检查和验收。增强全体人员（包括承包人的作业人员和管理人员以及参与施工的各分包方的各级管理人员和作业人员）的质量和安全意识是工程施工的重要前提。工程开工前，应该针对工程的特点，由项目经理负责质量、安全管理人员的安全意识教育。

目前，国内的工程施工主要由分包单位操作完成，只有分包单位的管理水平和技术实力提高了，工程质量才能达到既定的目标。因此要着重对分包单位的操作人员和管理人员进行技术培训和质量教育，帮助他们提高管理水平。要对分包工程的班组长及施工人员按不同专业进行技术、工艺、质量等的综合培训，未经培训或培训不合格的分包队伍不允许进场施工。

（三）分包管理的方法

应该建立对分包人进行管理的组织体系和责任制度，对每一个分包人都有负责管理的部门或人员，实行对口管理。分包单位的选择应该经过严格考察，并经业主和工程监理机构的认可，其资质类别和等级应该符合有关规定。要对分包单位的劳动力组织及计划安排进行审批和控制，要根据其施工内容、进度计划等进行人员数量、资格和能力的审批和检查。要责成分包单位建立责任制，将项目的质量、安全等保证体系贯彻落实到各个分包单位、各个施工环节，督促分包单位对各项工作的落实。对加工构件的分包人可委派驻厂代表负责对加工的进度和质量进行监督、检查和管理。应该建立工程例会制度，及时反映和处理分包单位施工过程中出现的各种问题。建立合格材料、制品、配件等的分供方档案库，并对其进行考核、评价、确定信誉好的分供方。材料、成品和半成品进场要按规范、图纸和施工要求严格检验。进场后的材料堆放要按照材料性能、厂家要求等进行，对易燃易爆材料要单独存放。对有多个分包单位同时进场施工的项目可以采取工程质量、安全或进度竞赛活动，通过定期的检查和评比，建立奖惩机制，促进分包单位进步。

以下是某承包人提出的对分包施工单位的管理办法，包括施工质量、进度、程序、信息等方面，可供参考。

（1）专业分包人须在进场前，将其承包范围内的施工组织设计报技术部，由项目总工审核，公司技术部审批后方可依照施工。

（2）所有深化设计文件及图纸须经项目部转交设计单位签认后方可组织施工。

（3）分包单位在初次报批方案及技术文件时应一式三份（并附批示页），待正式审批整改后按一式六份报审（并附电子文档）。

（4）每周五下午15:00之前，上报下周施工计划，每月25日上报下月施工计划，一式六份。

（5）分包单位竣工资料的收集整理工作必须符合有关规定，接受总包项目部的检查。

（6）必须建立技术文件管理制度，因分包单位原因造成施工错误的一切后果自负。

（7）分包单位的计量工作必须符合总包项目部的要求，要有专人负责，所用检测工具必须符合有关法律法规要求，否则，不得使用。

（8）资料的编制与整理按照相关规范、规程进行整理，分包方的竣工图及施工资料应在指定的期限内自行编制完成，并符合有关规定，经技术部检查合格后方可进行竣工结算。

五、施工合同履行过程中的诚信自律

（一）建筑业中的失信现象分析

信用缺失是当前我国社会经济生活中一个十分突出的问题，已经成为严重困扰国民经济发展的一个制约因素。信用缺失问题在建筑业表现得尤为严重。由于工程款被大量拖欠，施工单位正常的生产和发展受到极大影响，并且由于建设单位拖欠施工单位工程款而形成了施工单位拖欠分包企业的工程款、材料设备供应厂商的货款、农民工工资和国家税款、银行贷款的债务链，给社会安定带来了影响和隐患。施工单位之间"陪标"现象严重。相当多的资质和技术力量薄弱的建筑企业，为了"合法中标"，除了"挂靠"资质较高的建筑企业进行投标之外，还不惜代价私下找其他建筑企业进行"陪标"。施工单位之间相互"陪标"，破坏了招标投标制度的合理竞争机制。"陪标"会造成以下问题：一是投标单位之间的竞争大大减少或者没有竞争，造成中标单位高价中标，建设单位付出过高的建设资金。二是会使资质不高的施工单位进入施工现场，给工程质量埋下了隐患。

总承包单位中标后，违法转包和分包。具有一定资质、信誉和综合实力的施工单位中标后，因自身资源不够或为了赚取更多利润，不惜违反国家法规，将中标项目分解后，转包或分包给另外几个施工单位，通过收取高额管理费和压低工程造价坐收渔利。其直接后果在于，层层转包、分包之后，施工利润被不断稀释，接手分包工程的施工单位为了赚钱，在施工中往往偷工减料，以次充好，尽量降低工程成本以图蒙混过关，从而给整个工程带来质量隐患。

施工单位拖欠劳务人员工资、拖欠供货商材料设备款。尽管建设单位拖欠工程款是造成施工单位被动拖欠的一大原因，但也不排除许多施工单位"主动"恶意拖欠的情况。

施工过程中偷工减料、以次充好。微利甚至赔本中标的施工单位，在工程施工过程中往往采取降低建筑材料和设备标准或者缺斤短两，造成工程质量低下。

目前，个别建筑业的信用缺失不仅仅局限于施工单位，其他建筑市场主体也都存在着不同程度的失信行为，如业主、设计单位、物资供应单位、工程监理单位、招标代理单位和造价管理单位等。这些失信行为严重阻碍了建筑业的健康发展，威胁到建筑业的产业地位，导致支柱产业不硬，不能对经济增长起到应有的作用。

（二）施工合同履行过程中的诚信自律

为了进一步规范建筑市场秩序，健全建筑市场诚信体系，加强对建筑市场各方主体的动态监管，营造诚实守信的市场环境，住房和城乡建设部先后采取了许多措施。要求各地建设行政主管部门要对建筑市场信用体系建设工作高度重视，加强组织领导和宣传贯彻，并结合当地实际，制定落实实施细则。省会城市、计划单列市以及地级城市要建立本地区的建筑市场综合监管信息系统和诚信信息平台，推动建筑市场信用体系建设的全面实施。良好行为记录指建筑市场各方主体在工程建设过程中严格遵守有关工程建设的法律、法规、规章或强制性标准，行为规范，诚信经营，自觉维护建筑市场秩序，受到各级建设行政主管部门和相关专业部门的奖励和表彰，并形成的良好行为记录。不良行为记录是指建筑市场各方主体在工程建设过程中违反有关工程建设的法律、法规、规章或强制性标准和执业行为规范，经县级以上建设行政主管部门或其委托的执法监督机构查实和行政处罚，形成不良行为记录。

诚信行为记录由各省、自治区、直辖市建设行政主管部门在当地建筑市场诚信信息平台上统一公布，其中，不良行为记录信息的公布时间为行政处罚决定作出后7日内，公布期限一般为6个月至3年；良好行为记录信息公布期限一般为3年，法律、法规另有规定的从其规定。

公布内容应与建筑市场监管信息系统中的企业、人员和项目管理数据库相结合，形成信用档案，内部长期保留。属于《全国建筑市场各方主体不良行为记录认定标准》范围的不良行为记录除在当地发布外，还将由住房和城乡建设部统一在全国公布，公布期限与地方确定的公布期限相同，法律、法规另有规定的从其规定。各地建筑市场综合监管信息系统要逐步与全国建筑市场诚信信息平台实现网络互联、信息共享和实时发布。

省、自治区和直辖市建设行政主管部门负责审查整改结果，对整改确有实效的，由企业提出申请，经批准，可缩短其不良行为记录信息公布期限，但公布期限最短不得少于3个月，同时将整改结果列入相应不良行为记录后，供有关部门和社会公众查询。对于拒不整改或整改不力的单位，信息发布部门可延长其不良行为记录信息公布期限。

第四节　建筑工程项目索赔管理

一、工程项目索赔的概念、原因和依据

（一）建设工程项目索赔的概念

"索赔"这个词已越来越为人们所熟悉。索赔指在合同的实施过程中，合同一方因对方不履行或未能正确履行合同所规定的义务受到损失而向对方提出赔偿要求。但在承包工程中，对承包商来说，索赔的范围更为广泛。一般只要不是承包商自身责任，而由于外界干扰造成工期延长和成本增加都有可能提出索赔。这包括以下两种情况。

业主违约，未履行合同责任。如未按合同规定及时交付设计图纸造成工程拖延、未及时支付工程款，承包商可提出赔偿要求。

业主未违反合同，而由于其他原因，如业主行使合同赋予的权利指令变更工程、工程环境出现事先未能预料的情况或变化，如恶劣的气候条件、与勘探报告不同的地质情况、国家法令的修改、物价上涨、汇率变化等。由此造成的损失，承包商可提出补偿要求。

这两者在用词上有些差别，但处理过程和处理方法相同，从管理的角度可将它们统归为索赔。

在实际工程中，索赔是双向的。业主向承包商也可能有索赔要求。但通常业主索赔数量较小，而且处理方便。业主可通过冲账，扣拨工程款，没收履约保函，扣保留金等实现对承包商的索赔。最常见、最有代表性、处理比较困难的是承包商向业主的索赔，所以人们通常将它作为索赔管理的重点和主要对象。

（二）建筑工程项目索赔的要求

在建筑工程中，索赔要求通常有以下两种。

1. 合同工期的延长

承包合同中都有工期（开始期和持续时间）和工程拖延的罚款条款。如果工程拖期是由承包商管理不善造成的，则承包商必须承担责任，接受合同规定的处罚；而对外界干扰引起的工期拖延，承包商可以通过索赔，取得业主对合同工期延长的认可，则在这个范围内可免去他的合同处罚。

2. 费用补偿

由于非承包商自身责任造成工程成本增加，使承包商增加额外费用，蒙受经济损失，他可以根据合同规定提出费用索赔要求。如果该要求得到业主的认可，业主应向他追加支付这笔费用以补偿损失。这样，实质上承包商通过索赔提高了合同价款，常常可以弥补损失，而且能增加工程利润。

（三）建设工程项目索赔的起因

与其他行业相比，建筑业是一个索赔多发的行业。这是由建筑产品、建筑生产过程、建筑产品市场经营方式决定的。在现代承包工程中，特别在国际承包工程中，索赔经常发生，而且索赔额很大。这主要是由以下几方面原因造成的。

现代承包工程的特点是工程量大、投资多、结构复杂、技术和质量要求高、工期长。工程本身和工程的环境有许多不确定性，它们在工程实施中会有很大变化。最常见的有地质条件的变化、建筑市场和建材市场的变化、货币的贬值、城建和生态环保部门对工程新的建议和要求、自然条件的变化等。它们形成对工程实施的内外部干扰，直接影响工程设计和计划，进而影响工期和成本。

承包合同在工程开始前签订，是基于对未来情况预测的基础。对如此复杂的工程和环境，合同不可能对所有的问题作出预见和规定，对所有的工程做出准确的说明。工程承包合同条件越来越复杂，合同中难免有考虑不周的条款、缺陷和不足之处，如措辞不当、说明不清楚、有歧义，技术设计也可能有许多错误。这会导致在合同实施中双方对责任、义务和权利的争执，而这一切往往都与工期、成本、价格相联系。

业主要求的变化导致大量的工程变更。如建筑的功能、形式、质量标准、实施方式和过程、工程量、工程质量的变化；业主管理的疏忽、未履行或未正确履行其合同责任，而合同工期和价格是以业主招标文件确定的要求为依据，同时以业主不干扰承包商实施过程、业主圆满履行其合同责任为前提的。

工程参加单位多，各方面技术和经济关系错综复杂，互相联系又互相影响。各方面技术和经济责任的界定常常很难明确分清。在实际工作中，管理上的失误是不可避免的。但一方失误不仅会造成自己的损失，而且会殃及其他合作者，影响整个工程的实施。当然，在总体上，应按合同原则平等对待各方利益，坚持"谁过失，谁赔偿"。索赔是受损失者的正当权利。

合同双方对合同理解的差异造成工程实施中行为的失调，造成工程管理失误。由于合同文件十分复杂、数量多、分析困难，再加上双方的立场、角度不同，会造成对合同权利和义务的范围、界限的划定理解不一致，造成合同争执。

合同确定的工期和价格是相对于投标时的合同条件、工程环境和实施方案，即"合同状态"。由于上述这些内部和外部的干扰因素引起了"合同状态"中某些因素的变化，打破了"合同状态"，造成了工期延长和额外费用的增加，由于这些增量没有包括在原合同工期和价格中，或承包商不能通过合同价格获得补偿，则产生索赔要求。上述这些原因在任何工程承包合同的实施过程中都不可避免，所以无论采用什么合同类型，也无论合同多么完善，索赔都是不可避免的。承包商为了取得工程经济效益，不能不重视索赔问题。

（四）建筑工程项目业主向承包商的索赔

1. 索赔理由

承包商的违约有各种不同的情况，有时是全部或部分地不履行合同，有时是没有按期履行合同。对承包商的违约行为经监理工程师证明后，业主都可以按照合同相应规定的处理办法对承包商进行处罚。承包商的违约行为大致可包括以下几种。

（1）没有如约递交履约保函。

（2）没有按合同中的规定保险。

（3）由于承包商的责任延误工期。

（4）质量缺陷。承包商除应按监理工程师指示自费修补缺陷外，还需对质量缺陷给业主造成的损失承担责任。

（5）承包商没有执行监理工程师指示把不合格材料按期运出工地，以及出现的质量事故没能按期修复或无力修复，业主必须自己派人或雇请他人完成上述工作，而支付的费用应由承包商负担。

（6）承包商所设计图纸的设计责任。

（7）承包商破产或严重违约不得不终止合同。

（8）其他一些原因。

2. 索赔处理方式

出现上述事件后，一般可采取下列几种方法补偿业主损失。

（1）从应付给承包商的中期进度款内扣除。

（2）从滞留金内扣除。滞留金是业主为防止因不测事件而遭受损失的一种保障措施，可用于因承包商责任造成不合格工程的返工费用，解决与承包商有关的其他当事人提出的而承包商拒付的款项，如因承包商责任损坏公路设施，交通部门向业主提出的索赔要求。当然，用于这种情况时首先应与承包商协商并得到他的同意。滞留金比履约保函用起来更为方便，履约保函一般只能在承包商严重违反合同时才能使用。

（3）从履约保函内扣除或没收履约保函。

（4）如果承包商严重违反合同，给业主带来了即使采取上述各种措施也不足以补偿的损失，业主还可以扣留承包商在现场的材料、设备、临时设施等财产作为补偿，或者按法律规定作为承包商的一种债务而要求赔偿。

（五）建筑工程项目承包商向业主的索赔

投资项目涉及的内容复杂，在合同履行过程中，签订合同前没有考虑到的事件随时都可能发生，或多或少总会发生承包商要求索赔的事件。索赔大致可分为以下几种情况。

1. 合同文件引起的索赔

合同文件包括的范围很宽，最主要的是合同条件、技术规范说明等。一般来说，图纸和规范方面发生的问题要少些，但也会出现彼此不一致或补充与原图纸不一致，以及对技术规范的不同解释等问题，在索赔案例中，关于合同条件、工程量和价格表方面出现的问题较多。有关合同条件的索赔内容常见于以下两个方面。

（1）合同文件的组成问题引起的索赔。合同是在投标后通过双方协商修改最后确定的，如果修改时已将投标前后承包商与业主或招标委员会的来往函件澄清后写入合同补遗文件并签字，就应当说明合同正式签字以前的各种来往文件均不再有效。如果忽略了这个声明，当信件内容与合同内容发生矛盾时，就容易引起双方争执而导致索赔。再如双方签字的合同协议书中表明，业主已经接受了承包商的投标书中某处附有说明的条件，这些说明就可能被视为索赔的依据。

（2）合同缺陷。合同缺陷表现为合同文件不严谨甚至矛盾以及合同中的遗漏或错误。这不仅包括商务条款中的缺陷，也包括技术规范和图纸中的缺陷。

2. 因意外风险和不可预见因素引起的索赔

合同执行过程中，如果发生意外风险和不可预见因素而使承包商蒙受损失，承包商有权向业主要求给予补偿。意外风险包括人力不可抗拒的自然灾害所造成的损失和特殊风险事件两项内容。

（1）人力不可抗拒的自然灾害。自然灾害的经济损失该向保险公司索赔。除此之外，承包商还有权向业主要求顺延工期，也就是提出"工期索赔"要求。

（2）特殊风险。合同条件中规定的，应由业主承担责任的战争爆发等5种风险发生时造成的后果可能很严重，承包商除了不对由此产生的人身伤亡和财产损失负责外，相反还应得到任何已完成永久工程及材料的付款、合理利润、中断施工的损失以及一切修复费用和重建费用。

如果因特殊风险而导致合同终止，承包商除可以获得上述各项费用外，还有权获得施工机具、设备的撤离费和合理的人员遣返费。

3. 设计图纸或工作量表中的错误引起的索赔

交给承包商的标书中，图纸或工作量表有时难免会出现错误，如果由于改正这些错误而使费用增加或工期延长，承包商有权提出索赔。这种错误包括以下三种。

（1）设计图纸与工作量表中的要求不符。如设计图纸上某段混凝土的设计标号为250号，而工作量表中则为200号，工程报价是按工作量表计算的，如果按图纸施工就会导致成本增加。承包商在发现这个问题后应及时请监理工程师确认。

（2）现场条件与设计图纸要求相差较大，大幅度地增加了工作量。如果这种情况使工作量增大很多，承包商也应提出来，并据此向业主提出索赔。

（3）纯粹的工作量错误。即使是固定总价合同，如果工作量有较大出入，影响整个施工计划，承包商也应获得补偿。

4. 业主应负的责任引起的索赔

项目实施过程中有时会出现业主违约或其他事件导致业主承担部分责任，招致承包商提出索赔要求。

（1）拖延提供施工场地。因自然灾害影响或业主方面的原因导致没能如期向承包商移交合格的、可以直接进行施工的现场，承包商可以提出将工期顺延的"工期索赔"或由于窝工而直接提出经济索赔。

（2）拖延支付应付款。此时承包商不仅要求支付应得款项，而且还有权索赔利息，因为业主对应支付款的拖延将影响承包商的资金周转。

（3）指定分包商违约。指定分包商违约常常表现为未能按分包合同规定完成应承担的工作而影响了总承包商的工作。从理论上讲，总承包商应该对包括指定分包商在内的所有分包商行为向业主负责，但实际情况往往不是那么简单，因为指定分包商不是由总承包商选择，而是按照合同规定归他统一协调管理的分包商，特别是业主把总承包商接受某一指定分包商作为授予合同的前提条件之一时，业主不可能对指定分包商的不当行为不负任何责任。因此，总承包商除了根据与指定分包商签订的合同索赔窝工损失外，还有权向业主提出延长工期的索赔要求。

（4）业主提前占用部分永久工程引起的损失。工程实践中经常会出现业主从经济效益方面考虑将部分单项工程提前使用，或从其他方面考虑提前占用部分分项工程。如果不是按合同中规定的时间，提前占用部分工程，而又对提前占用会产生的不良后果考虑不周，将会引起承包商提出索赔。

（5）业主要求赶工。当项目遇到不属于承包商责任的事件发生，或改变了部分工作内容而必须延长工期时，业主基于某种考虑坚持不予延期，这就迫使承包商加班赶工。为此，承包商除可以要求索赔因延误造成的损失外，还可以提出赶工措施费、降效损失费、新增设备租赁费等方面的补偿要求。

（六）建筑工程项目索赔的依据

招标文件、施工合同文本及附件，其他各种签约（如备忘录、修正案等），经认可的工程实施计划、各种工程图纸、技术规范等。这些索赔的依据可在索赔报告中直接引用。

双方的往来信件及各种会谈纪要。在合同履行过程中，业主、监理工程师和承包商定期或不定期的会谈所做出的决议或决定是合同的补充，应作为合同的组成部分，但会谈纪要只有经过各方签署后才可作为索赔的依据。

进度计划、具体的进度以及项目现场的有关文件。进度计划、具体的进度安排和现场有关文件是变更索赔的重要证据。

气象资料、工程检查验收报告和各种技术鉴定报告，工程中送停电、送停水、道路开通和封闭的记录和证明。

国家有关法律、法令、政策文件，官方的物价指数、工资指数，各种会计核算资料，材料的采购，订货，运输，进场使用方面的凭据。

索赔要有证据，证据是索赔报告的重要组成部分。证据不足或没有证据，索赔就不可能成立。施工索赔是利用经济杠杆进行项目管理的有效手段，对承包商、业主和监理工程师来说，处理索赔问题水平的高低，反映了其对项目管理水平的高低。索赔是合同管理的重要环节，也是计划管理的动力，更是挽回成本损失的重要手段，所以随着建筑市场的建立和发展，它将成为项目管理中越来越重要的问题。

二、建筑工程项目索赔的程序

建筑工程项目索赔处理程序应按以下步骤进行。从承包商提出索赔申请开始，到索赔事件的最终处理，大致可划分为以下五个阶段。

第一阶段，承包商提出索赔申请。合同实施过程中，凡不属于承包商责任导致项目拖期和成本增加事件发生后的 28 天内，必须以正式函件通知监理工程师，声明对此事项要求索赔，同时仍需遵照监理工程师的指令继续施工。逾期申报时，监理工程师有权拒绝承包商的索赔要求。正式提出索赔申请后，承包商应抓紧准备索赔的证据资料，包括事件的原因，对其权益影响的证据资料、索赔的依据，以及其他计算出的该事件影响所要求的索赔额和申请展延工期天数，并在索赔申请发出的 28 天内报出。

第二阶段，监理工程师审核承包商的索赔申请。正式接到承包商的索赔信件后，监理工程师应该立即研究承包商的索赔资料，在不确认责任归属的情况下，依据自己的同期记录资料客观分析事故发生的原因，重温有关合同条款，研究承包商提出的索赔证据。必要时还可以要求承包商进一步提交补充资料，包括索赔的更详细证明材料或索赔计算的依据。

第三阶段，监理工程师与承包商谈判。双方各自依据对这一事件的处理方案进行友好协商，若能通过谈判达成一致意见，则该事件较容易解决。如果双方对该事件的责任，索赔款额或工期展延天数分歧较大，通过谈判达不成共识的话，按照条款规定，监理工程师有权确定一个他认为合理的单价或价格作为最终的处理意见报送业主并相应通知承包商。

第四阶段，业主审批监理工程师的索赔处理证明。业主首先根据事件发生的原因、责任范围、合同条款审核承包商的索赔申请和监理工程师的处理报告，再根据项目的目的、投资控制、竣工验收要求，以及针对承包商在实施合同过程中的缺陷或不符合合同要求的地方提出反索赔方面的考虑，决定是否批准监理工程师的索赔报告。

第五阶段，承包商是否接受最终的索赔决定。承包商同意了最终的索赔决定，这一索赔事件即告结束。若承包商不接受监理工程师的单方面决定或业主删减索赔或工期展延天数，就会导致合同纠纷。通过谈判和协调双方达成互让的解决方案是处理纠纷的理想方式。

如果双方不能达成谅解就只能诉诸仲裁。

三、建筑工程项目索赔报告的编写

（一）索赔报告的基本要求

索赔报告是向对方提出索赔要求的书面文件，是承包商对索赔事件处理的结果。

业主的反应——认可或反驳——就是针对索赔报告。调解人和仲裁人只有通过索赔报告了解和分析合同实施情况和承包商的索赔要求，才能评价它的合理性并据此作出决议，所以索赔报告的表达方式对索赔的解决有重大影响。索赔报告应充满说服力，合情合理，有根有据，逻辑性强，能说服工程师、业主、调解人和仲裁人，同时它又是有法律效力的正规的书面文件。

索赔报告如果起草不当，会损害承包商在索赔中的有利地位和条件，使正当的索赔要求得不到应有的妥善解决。起草索赔报告需要实际工作经验，对重大的索赔或综合索赔（"一揽子"索赔）最好在有经验的律师或索赔专家的指导下起草。索赔报告的一般要求有以下几种。

1. 索赔事件应是真实的

这是整个索赔的基本要求。这关系到承包商的信誉和索赔的成败，不可含糊，必须保证索赔的真实性。

如果承包商提出不实的、不合情理、缺乏根据的索赔要求，工程师会立即拒绝，还会影响到对承包商的信任和以后的索赔。索赔报告中所指出的干扰事件必须有得力的证据来证明，且这些证据应附于索赔报告之后。对索赔事件的叙述必须清楚、明确，不包含任何估计和猜测，也不可用估计和猜测式的语言，诸如"可能""大概""也许"等，否则，会使索赔要求苍白无力。

2. 责任分析应清楚、准确

一般索赔报告中所针对的干扰事件都是由对方责任引起的，应将责任全部推给对方，不可用含混的字眼和自我批评式的语言，否则会丧失自己在索赔中的有利地位。

3. 在索赔报告中应特别强调以下几点

（1）干扰事件的不可预见性和突然性，即使一个有经验的承包商对它也不可能有预见或准备，对它的发生，承包商无法制止也不能影响。

（2）在干扰事件发生后承包商立即将情况通知工程师，听取并执行工程师的处理指令，或承包商为了避免和减轻干扰事件的影响和损失尽了最大努力，采取了能够采取的措施。在索赔报告中可以叙述所采取的措施及它们的效果。

（3）干扰事件的影响，使承包商的工程过程受到严重干扰，使工期拖延，费用增加。应强调干扰事件、对方责任、工程受到的影响和索赔值之间有直接的因果关系。这个逻辑性对索赔的成败至关重要。业主反索赔常常也着眼于否定这个因果关系以否定这个逻辑关系，进而否定承包商的索赔要求。

（4）承包商的索赔要求应有合同文件的支持，可以直接引用相应合同条款。承包商必须十分准确地选择作为索赔理由的合同条款。强调这些是为了使索赔理由更充足，使工程师、业主和仲裁人在感情上易于接受承包商的索赔要求。

4.索赔报告通常要简洁，条理清楚，各种结论、定义准确，有逻辑性

索赔证据和索赔值的计算应很详细和精确。索赔报告的逻辑性主要在于将索赔要求（工期延长和费用增加）与干扰事件、责任、合同条款、影响连成一条打不断的逻辑链。承包商应尽力避免索赔报告中出现用词不当、语法错误、计算错误、打字错误等问题，否则，会降低索赔报告的可信度，使人觉得承包商不严肃、轻率或弄虚作假。

5.用词要婉转

作为承包商，在索赔报告中应避免使用强硬的、不友好的、抗议式的语言。

（二）索赔报告的编制

1.工期索赔

在工程施工中，常常会发生一些未能预见的干扰事件使施工不能顺利进行，使预定的施工计划受到干扰，导致工期延长。工期延长对合同双方都会造成损失，如业主因工程不能及时交付使用和投入生产，不能按计划实现投资目的，失去盈利机会，并增加各种管理费的开支；承包商因工期延长增加支付现场工人工资、机械停置费用、工地管理费、其他附加费用支出等，最终还可能要支付合同规定的误期违约金。

（1）工期索赔的处理原则

不同类型工程拖期的处理原则：工程拖期可以分为可原谅的拖期和不可原谅的拖期。可原谅的拖期是由于非承包商原因造成的工程拖期，不可原谅的拖期一般是承包商原因造成的工程拖期。这两类工程拖期的处理原则及结果均不同。

共同延误下的工期索赔的处理原则：在实际施工过程中，工期拖期很少是只由一方造成的，往往是两三种原因同时发生（或相互作用）而形成的，故称为"共同延误"。在这种情况下，要具体分析哪一种情况延误是有效的。

首先判断造成拖期的哪一种原因是最先发生的，即确定"初始延误"者，它应对工程拖期负责。在初始延误发生作用期间，其他并发的延误者不承担拖期责任。

如果初始延误者是业主，则在业主造成的延误期内，承包商既可得到工期延长，又可得到经济补偿。

如果初始延误者是客观原因，则在客观因素发生影响的时间段内，承包商可以得到工期延长，但很难得到费用补偿。

（2）工期索赔的计算方法

工期索赔一般采用分析法进行计算，主要依据合同规定的总工期计划、进度计划，以及双方共同认可的对工期修改文件、调整计划和受干扰后实际工程进度记录，

如施工日记、工程进度表等。

2. 费用索赔

（1）费用索赔的处理原则

在确定赔偿金额时，应遵循下述两个原则：所有赔偿金额都应该是施工单位为履行合同所必须支出的费用，按此金额赔偿后，应使施工单位恢复到未发生事件前的财务状况。即施工单位不致因索赔事件而遭受任何损失，但也不得因索赔事件而获得额外收益。

从上述原则可以看出，索赔金额是用于赔偿施工单位因索赔事件而受到的实际损失，而不考虑利润。所以，索赔金额计算的基础是成本，即用索赔事件影响所发生的成本减去事件影响前所应有的成本，其差值即为赔偿金额。

（2）费用索赔的计算方法

通常，干扰事件对费用的影响，即索赔值的计算方法有以下两种。

总费用法：总费用法的基本思路是把固定总价合同转化为成本加酬金合同，以承包商的额外成本为基点加上管理费和利润等附加费作为索赔值。

如某工程原合同报价如下：工程总成本 3 800 000 元（直接费＋工地管理费），公司管理费 380 000 元（总成本 × 10%），利润 292 600 元，即（总成本＋公司管理费）× 7%，合同价 4 472 600 元。

在实际工程中，由于完全非承包商原因造成实际工地总成本增加至 4 200 000 元。现用总费用法计算索赔值如下：总成本增加量 400 000 元（4 200 000–3 800 000），总部管理费 40 000 元（总成本增量 × 10%），利润 30 800 元（仍为 7%），利息支付 4 000 元（按实际时间和利率计算），索赔值 474 800 元。

分项法：分项法是按每个（或每类）干扰事件，以及这事件所影响的各个费用项目分别计算索赔值的方法。

a. 直接费

人工费仅指生产工人的工资及相关费用。

人工费 ＝ 人工工资单价 × 工作量 × 劳动效率

材料费 ＝ 材料预算单价 × 工作量 × 每单位工程量材料消耗标准

设备费，进入直接费的设备费一般仅为该分项工程的专用设备。

设备费 ＝ 设备台班费 × 工作量 × 每单位工程量设备台班消耗量

b. 现场管理费

现场管理费总额 ＝ 直接费 × 费率（一般为 10% ~ 15%）

c. 总部管理费

总部管理费总额 ＝（直接费＋现场管理费）× 费率（一般为 7% ~ 10%）

d. 其他

保险费，利率，担保费等。

3. 工程变更索赔

在索赔事件中，工程变更的比例很大，而且变更的形式较多。工程变更的费用索赔常常不仅仅涉及变更本身，而且还要考虑由于变更产生的影响引起的工期的顺延损失，由于变更所引起的停工、窝工、返工，低效率损失等。

（1）工程量变更。工程量变更是最为常见的工程变更，它包括工程量增加、减少和工程分项的删除。它可能是由设计变更或工程师和业主有新的要求而引起的，也可能是由于业主在招标文件中提供的工作量表不准确造成的。

（2）附加工程。附加工程是指增加合同工程量表中没有的工程分项。这种增加可能是由于设计遗漏、修改设计或工程量表中项目的遗漏等原因造成的。

（三）索赔报告的内容

从报告的必要内容与文字结构方面而言，一个完整的索赔报告应包括以下四个部分。

1. 总论部分

一般包括以下内容：①序言；②索赔事件概述；③具体索赔要求；④索赔报告编写及审核人员名单。

文中应概要地叙述索赔事件的发生日期与过程，施工单位为该索赔事件所付出的努力和附加开支，施工单位的具体索赔要求。

在总论部分最后，附上索赔报告编写组主要人员及审核人员的名单，注明有关人员的职称、职务及施工经验，以表示该索赔报告的严肃性和权威性。总论部分的阐述要简明扼要，说明问题。

2. 根据部分

本部分主要说明自己具有的索赔权利，这是索赔能否成立的关键。根据部分的内容主要来自该工程项目的合同文件，并参照有关法律规定。该部分中施工单位应引用合同中的具体条款，说明自己理应获得的经济补偿或工期延长。

根据部分的篇幅可能很大，其具体内容随各个索赔事件的特点而不同。一般来说，根据部分应包括以下内容：①索赔事件的发生情况；②已递交索赔意向书的情况；③索赔事件的处理，过程；④索赔要求的合同根据；⑤所附的证据资料。

在结构上，按照索赔事件的发生、发展、处理和最终解决的过程编写，并明确全文引用有关的合同条款，使建设单位和监理工程师能历史地、逻辑地了解索赔事件的始末，并充分认识该项索赔的合理性和合法性。

3. 计算部分

索赔计算的目的是以具体的计算方法和计算过程，说明自己应得经济补偿的款项或延长时间。如果说根据部分的任务是解决索赔能否成立，则计算部分的任务是决定应得到多少索赔款项和延长多少工期，前者是定性的，后者是定量的。

在款项计算部分，施工单位必须阐明下列问题：①索赔款的总额；②各项索赔款的计算，如额外开支的人工费、材料费、管理费和损失利润；③指明各项开支的计算依据和证据资料，施工单位应注意合适的计价方法；至于采用哪一种计价法，首先，应根据索赔事件的特点及自己掌握的证据资料等因素来确定；其次，应注意每项开支的合理性，并指出相应证据资料的名称及编号。切忌采用笼统的计价方法和不实的开支款项。

4. 证据部分

证据部分包括该索赔事件所涉及的一切证据资料以及对这些证据的说明。证据是索赔报告的重要组成部分，没有翔实可靠的证据，索赔是不可能成功的。

在引用证据时，要注意证据的效力和可信度。为此，对重要的证据资料最好附以文字证明或确认件。例如对一个重要的电话内容，仅附上自己的记录是不够的，最好附上经过双方签字确认的电话记录，或附上发给对方要求确认该电话记录的函件，即使对方未给复函，亦可证明责任在对方，因为对方未复函确认或修改，按惯例应理解为他已默认。

第三章　建筑工程项目成本管理

第一节　建筑工程项目成本管理概述

一、项目成本的概念、构成及形式

成本是指为进行某项生产经营活动所发生的全部费用。它是一种耗费，是耗费劳动（物化劳动和活劳动）的货币表现形式。

项目成本是指在建设工程项目的施工过程中所发生的全部生产费用的总和，包括消耗的原材料、辅助材料、构配材料等费用，周转材料的摊销费或租赁费，施工机械的使用费或租赁费，支付给生产工人的工资、奖金、工资性质的津贴等，以及进行施工组织与管理所发生的全部费用支出。建筑工程项目成本由直接成本和间接成本构成。

（一）建筑工程项目成本的构成

按照国家现行制度的规定，施工过程中所发生的各项费用支出均应计入施工项目成本。在经济运行过程中，没有一种单一的成本概念能适用于各种不同的场合，不同的研究目的需要不同的成本概念。成本费用按性质可将其划分为直接成本和间接成本两部分。

1. 直接成本

直接成本是指施工过程中耗费的构成工程实体或有助于工程实体形成的各项费用支出，是可以直接计入工程对象的费用，包括人工费、材料费、施工机械使用费和施工措施费等。

2. 间接成本

间接成本是指为施工准备、组织和管理施工生产的全部费用的支出，是非直接用于也无法直接计入工程对象，但为进行工程施工所必须发生的费用，包括管理人员工资、办公费、差旅交通费等。

对于企业所发生的企业管理费用、财务费用和其他费用，则按规定计入当期损益，亦即计为期间成本，不得计入施工项目成本。

企业下列支出不仅不能列入施工项目成本，也不能列入企业成本，如购置和建造固定资产、无形资产和其他资产的支出；对外投资的支出；被没收的财物；支付的滞纳金、罚款、违约金、赔偿金、企业赞助和捐赠支出等。

（二）建筑安装工程费用项目组成

目前我国的建筑安装工程费由直接费、间接费、利润和税金组成。

（三）建筑工程项目成本的主要形式

依据成本管理的需要，施工项目成本的形式要求从不同的角度来考察。

1. 事前成本和事后成本

根据成本控制要求，施工项目成本可分为事前成本和事后成本。

（1）事前成本。工程成本的计算和管理活动是与工程实施过程紧密联系的，在实际成本发生和工程结算之前所计算和确定的成本都是事前成本，它带有预测性和计划性。常用的概念有预算成本（包括施工图预算、标书合同预算）和计划成本（包括责任目标成本、企业计划成本、项目计划成本）之分。

第一，预算成本。工程预算成本反映各地区建筑业的平均成本水平。它是根据施工图，以全国统一的工程量计算规则计算出来的工程量，按《全国统一建筑工程基础定额》《全国统一安装工程预算定额》和由各地区的人工日工资单价、材料价格、机械台班单价，并按有关费用的取费费率进行计算，包括直接费用和间接费用。预算成本又称施工图预算成本，它是确定工程成本的基础，也是编制计划成本、评价实际成本的依据。

第二，计划成本。施工项目计划成本是指施工项目经理部根据计划期的有关资料（如工程的具体条件和施工企业为实施该项目的各项技术组织措施），在实际成本发生前预先计算的成本；也就是说，它是根据反映本企业生产水平的企业定额计划得到的成本计算数额，反映了企业在计划期内应达到的成本水平，它是成本管理的目标，也是控制项目成本的标准。成本计划对于加强施工企业和项目经理部的经济核算，建立健全施工项目成本管理责任制，控制施工过程中的生产费用，以及降低施工项目成本都具有十分重要的作用。

（2）事后成本。事后成本即实际成本，它是施工项目在报告期内实际发生的各项生产费用支出的总和。将实际成本与计划成本比较，可体现成本的节约和超支，考核企业施工技术水平及技术组织措施的贯彻执行情况和企业的经营效果。将实际成本与预算成本比较，可以反映工程盈亏情况。因此，计划成本和实际成本都反映了施工企业的成本水平，它与建筑施工企业本身的生产技术水平、施工条件及生产管理水平相对应。

2. 直接成本和间接成本

按生产费用计入成本的方法可将工程成本划分为直接成本和间接成本两种形

式。如上所述，直接耗用于工程对象的费用构成直接成本；为进行工程施工但非直接耗用于工程对象的费用构成间接成本。成本如此分类，能正确反映工程成本的构成，考核各项生产费用的使用是否合理，便于找出降低成本的途径。

3.固定成本和可变成本

按生产费用与工程量的关系，工程成本又可划分为固定成本和可变成本，主要目的是进行成本分析，寻求降低成本的途径。

（1）固定成本。固定成本指在一定期间和一定的工程量范围内，其发生的成本额不受工程量增减变动的影响而相对固定的成本。如折旧费、大修理费、管理人员工资、办公费、照明费等。这一成本是为了保持一定的生产管理条件而发生的，项目的固定成本每月基本相同，但是，当工程量超过一定范围需要增添机械设备或管理人员时，固定成本将会发生变动。此外，所谓固定指其相对总额而言，分配到单位工程量上的固定费用则是变动的。

（2）可变成本。可变成本指发生总额随着工程量的增减变动而成比例变动的费用，如直接用于工程的材料费、实行计件工资制的人工费等。所谓可变是指其相对总额而言，分配到单位工程量上的可变费用则是不变的。

将施工过程中发生的全部费用划分为固定成本和可变成本，对于成本管理和成本决策具有重要作用。由于固定成本是维持生产能力必需的费用，要降低单位工程量的固定费用，就需从提高劳动生产率，增加总工程量数额并降低固定成本的绝对值人手，降低变动成本就需从降低单位分项工程的消耗入手。

二、建筑工程项目成本管理概念

施工成本管理就是指在保证工期和质量满足要求的情况下，采取相应管理措施，包括组织措施、经济措施、技术措施、合同措施，把成本控制在计划范围内，并进一步寻求最大限度的成本节约。

项目成本管理的重要性主要体现在以下几方面：①项目成本管理是项目实现经济效益的内在基础；②项目成本管理是动态反映项目一切活动的最终水准；③项目成本管理是确立项目经济责任机制，实现有效控制和监督的手段。

三、项目成本管理的内容

项目成本管理的内容包括：成本预测、成本计划、成本控制、成本核算、成本分析和成本考核等。项目经理部在项目施工过程中对所发生的各种成本信息，有组织、有系统地进行预测、计划、控制、核算和分析等工作，使工程项目系统内各种要素按照一定的目标运行，从而将工程项目的实际成本控制在预定的计划成本范围内。

（一）成本预测

项目成本预测是通过成本信息和工程项目的具体情况，并运用专门方法，对未来的成本水平及其可能发展趋势作出科学的估计，其实质就是在施工以前对成本进行核算。项目成本预测是项目成本决策与计划的依据。

（二）成本计划

项目成本计划是项目经理部对项目施工成本进行计划管理的工具。它是以货币形式编制工程项目在计划期内的生产费用、成本水平、成本降低率以及为降低成本所采取的主要措施和规划的书面方案，它是建立项目成本管理责任制、开展成本控制和核算的基础。一般来说，一个项目成本计划应包括从开工到竣工所必需的施工成本，它是降低项目成本的指导文件，是设立目标成本的依据。

（三）成本控制

项目成本控制是指在施工过程中，对影响项目成本的各种因素加强管理，并采取各种有效措施，将施工中实际发生的各种消耗和支出严格控制在成本计划范围内，随时揭示并及时反馈，严格审查各项费用是否符合标准、计算实际成本和计划成本之间的差异并进行分析，消除施工中的损失浪费现象，发现并总结先进经验。成本控制使之最终实现甚至超过预期的成本节约目标。项目成本控制应贯穿在工程项目从招投标阶段开始直到项目竣工验收的全过程，它是企业全面成本管理的重要环节。

（四）成本核算

项目成本核算是指项目施工过程中所发生的各种费用和各种形式项目成本的核算。一是按照规定的成本开支范围对施工费用进行归集，计算出施工费用的实际发生额。二是根据成本核算对象，采用适当的方法计算出该工程项目的总成本和单位成本。项目成本核算所提供的各种成本信息，是成本预测、成本计划、成本控制、成本分析和成本考核等各个环节的依据。加强项目成本核算工作，对降低项目成本、提高企业的经济效益有积极的作用。

（五）成本分析

项目成本分析是在成本形成过程中，对项目成本进行的对比评价和剖析总结工作，它贯穿于项目成本管理的全过程，也就是说项目成本分析主要利用工程项目的成本核算资料（成本信息），与目标成本（计划成本）、预算成本以及类似的工程项目的实际成本等进行比较，了解成本的变动情况，同时也要分析主要技术经济指标对成本的影响，系统地研究成本变动的因素，检查成本计划的合理性，并通过成本分析，深入揭示成本变动的规律，寻找降低项目成本的途径，以便有效地进行成本控制。

（六）成本考核

成本考核是指在项目完成后，对项目成本形成中的各责任者，按项目成本目标责任制的有关规定，将成本的实际指标与计划、定额、预算进行对比和考核，评定项目成本计划的完成情况和各责任者的业绩，并以此给以相应的奖励和处罚。通过成本考核，做到有奖有惩，赏罚分明，才能有效地调动企业的每一个职工在各自的施工岗位上努力完成目标成本的积极性，为降低项目成本和增加企业的积累作出自己的贡献。

综上所述，项目成本管理中每一个环节都是相互联系和相互作用的。成本预测是成本决策的前提，成本计划是成本决策所确定目标的具体化。成本控制则是对成本计划的实施进行监督，保证决策的成本目标实现，而成本核算又是成本计划是否实现的最后检验，它所提供的成本信息又对下一个项目成本预测和决策提供基础资料。成本考核是实现成本目标责任制的保证和实现决策目标的重要手段。

四、建筑工程项目成本管理的措施

为了取得施工成本管理的理想成效，应当从多方面采取措施实施管理，通常可以将这些措施归纳为组织措施、技术措施、经济措施和合同措施。

（一）组织措施

组织措施是从施工成本管理的组织方面采取的措施。施工成本控制是全员的活动，如实行项目经理责任制，落实施工成本管理的组织机构和人员，明确各级施工成本管理人员的任务和职能分工、权利和责任。施工成本管理不仅是专业成本管理人员的工作，各级项目管理人员也负有成本控制责任。

组织措施的另一方面是编制施工成本控制工作计划，确定合理详细的工作流程。要做好施工采购规划，通过生产要素的优化配置、合理使用、动态管理，有效控制实际成本；加强施工定额管理和施工任务单管理，控制活劳动和物化劳动的消耗；加强施工调度，避免因施工计划不周和盲目调度造成窝工损失、机械利用率降低。物料积压等而使施工成本增加。成本控制工作只有建立在科学管理的基础之上，具备合理的管理体制，完善的规章制度，稳定的作业秩序，完整准确的信息传递，才能取得成效。组织措施是其他各类措施的前提和保障，而且一般不需要增加什么费用，运用得当可以收到良好的效果。

（二）技术措施

施工过程中降低成本的技术措施包括：进行技术经济分析，确定最佳的施工方案；结合施工方法，进行材料使用的比选，在满足功能要求的前提下，通过代用、改变配合比、使用添加剂等方法降低材料消耗的费用；确定最合适的施工机械、设备使用方案。结合项目的施工组织设计及自然地理条件，降低材料的库存成本和运输成本；先进施工技术的应用，新材料的运用，新开发机械设备的使用等。在实践中也要避免仅从技术角度选定方案而忽视对其经济效果的分析论证。

技术措施不仅对解决施工成本管理过程中的技术问题是不可缺少的，而且对纠正施工成本管理目标偏差也有相当重要的作用。因此，运用技术纠偏措施的关键，一是要能提出多个不同的技术方案，二是要对不同的技术方案进行技术经济分析。

（三）经济措施

经济措施是最易被人们所接受和采用的措施。管理人员应编制资金使用计划，确定、分解施工成本管理目标。对施工成本管理目标进行风险分析，并制定防范性对策。对各种支出，应认真做好资金的使用计划，并在施工中严格控制各项开支。及时准确地记录、收集、整理、核算实际发生的成本。对各种变更，及时做好增减账，及时落实业主签证，及时结算工程款。通过偏差分析和未完工程预测，可发现一些潜在问题将增加未完工程的施工成本，对这些问题应以主动控制为出发点，及时采取预防措施。由此可见，经济措施的运用绝不仅仅是财务人员的事情。

（四）合同措施

采用合同措施控制施工成本，应贯穿整个合同周期，包括从合同谈判开始到合同终结的全过程。首先是选用合适的合同结构，对各种合同结构模式进行分析、比较，在合同谈判时，要争取选用适合于工程规模、性质和特点的合同结构模式。其次，在合同的条款中应仔细考虑一切影响成本和效益的因素，特别是潜在风险因素。通过对引起成本变动的风险因素进行识别和分析，采取必要的风险对策，如通过合理的方式，增加承担风险的个体数量，降低损失发生的比例，并最终使这些策略反映在合同的具体条款中。在合同执行期间，合同管理的措施既要密切注视对方合同执行的情况，以寻求合同索赔的机会；同时也要密切关注自己履行合同的情况，防止被对方索赔。

五、项目成本管理的原则

项目成本管理需要遵循以下六项原则：①领导者推动原则；②以人为本，全员参与原则；③目标分解，责任明确原则；④管理层次与管理内容的一致性原则；⑤动态性、及时性、准确性原则；⑥过程控制与系统控制原则。

六、项目成本管理影响因素和责任体系

（一）项目成本管理影响因素

影响项目成本管理的主要因素有以下几方面：投标报价；合同价；施工方案；施

工质量；施工进度；施工安全；施工现场平面管理；工程变更；索赔费用等。

（二）项目成本管理责任体系

建立健全项目全面成本管理责任体系，有利于明确业务分工和分解成本目标，保证成本管理控制的具体实施。根据成本运行规律，成本管理责任体系应包括组织管理层和项目经理部。

1.组织管理层

组织管理层主要是设计和建立项目成本管理体系，保证组织体系的运行，行使管理和监督职能。负责项目全面管理的决策，确定项目的合同价格和成本计划，确定项目管理层的成本目标。它的成本管理除生产成本，还包括经营管理费用。

2.项目经理部

项目经理部的成本管理职能，是组织项目部人员执行组织确定的项目成本管理目标，发挥现场生产成本控制中心的管理职能。负责项目生产成本的管理，实施成本控制，实现项目管理目标责任书的成本目标。

第二节　建筑工程项目成本控制与核算

一、建筑工程项目成本控制概要

（一）项目成本控制的概念

项目成本控制是指项目经理部在项目成本形成的过程中，为了控制人、机、材消耗和费用支出，降低工程成本，达到预期的项目成本目标，所进行的成本预测、计划、实施、核算、分析、考核、整理成本资料与编制成本报告等一系列活动。

项目成本控制是在成本发生和形成的过程中，对成本进行的监督检查。成本的发生和形成是一个动态的过程，这就决定了成本的控制也应该是一个动态过程，因此，也可称为成本的过程控制。

项目成本控制的重要性，具体可表现为以下几个方面：①监督工程收支，实现计划利润；②做好盈亏预测，指导工程实施；③分析收支情况，调整资金流动；④积累资料，指导今后投标。

（二）项目成本控制的依据

1.项目承包合同文件

项目成本控制要以工程承包合同为依据，围绕降低工程成本这个目标，从预算收入和实际成本两方面，努力挖掘增收节支潜力，以求获得最大的经济效益。

2. 项目成本计划

项目成本计划是根据工程项目的具体情况制定的施工成本控制方案，既包括预定的具体成本控制目标，又包括实现控制目标的措施和规划，是项目成本控制的指导文件。

3. 进度报告

进度报告提供了每一时刻工程的实际完成量、工程施工成本实际支付情况等重要信息。施工成本控制工作正是通过比较实际情况与施工成本计划，找出二者之间的差别，分析偏差产生的原因，从而采取措施改进以后的工作。此外，进度报告还有助于管理者及时发现工程实施中存在的隐患，并在事态还未造成重大损失之前采取有效措施，尽量避免损失。

4. 工程变更与索赔资料

在项目的实施过程中由于各方面的原因，工程变更是很难避免的。工程变更一般包括设计变更、进度计划变更、施工条件变更、技术规范与标准变更、施工次序变更、工程数量变更等。一旦出现变更，工程量、工期、成本都必将发生变化，从而使施工成本控制工作变得更加复杂和困难。因此施工成本管理人员应当对变更要求当中各类数据的计算、分析，以便随时掌握变更情况，包括已发生工程量、将要发生工程量、工期是否拖延、支付情况等重要信息，判断变更以及变更可能带来的索赔额度等。

除了上述几种项目成本控制工作的主要依据以外，有关施工组织设计、分包合同文本等也都是项目成本控制的依据。

（三）项目成本控制的要求

项目成本控制应满足下列要求。

（1）要按照计划成本目标来控制生产要素的采购价格，并认真做好材料、设备进场数量和设备质量的检查、验收与保管。

（2）要控制生产要素的利用效率和消耗定额，如任务单管理、限额领料、验工报告审核等。同时要做好不可预见成本风险的分析和预控，包括编制相应的应急措施等。

（3）控制影响效率和消耗量的其他因素（如工程变更等）所引起的成本增加。

（4）把项目成本管理责任制度与对项目管理者的激励机制结合起来，以增强管理人员的成本意识和控制能力。

（5）承包人必须有一套健全的项目财务管理制度，按规定的权限和程序对项目资金的使用和费用的结算支付进行审核、审批，使其成为项目成本控制的一个重要手段。

（四）项目成本控制的原则

（1）全面控制原则。项目成本的全员控制。项目成本的全过程控制。项目成本的全企业各部门控制。

（2）动态控制原则。项目施工是一次性行为，其成本控制应更重视事前、事中控制。编制成本计划，制定或修订各种消耗定额和费用开支标准。施工阶段重在执行成本计划，落实降低成本措施，实行成本目标管理。建立灵敏的成本信息反馈系统。各责任部门能及时获得信息，纠正不利成本偏差。

（3）目标管理原则。

（4）责、权、利相结合原则。

（5）节约原则。编制工程预算时，应"以支定收"，保证预算收入；在施工过程中，要"以收定支"，控制资源消耗和费用支出。严格控制成本开支范围，费用开支标准和有关财务制度，对各项成本费用的支出进行限制和监督。抓住索赔时机，搞好索赔、合理力争甲方给予经济补偿。

（6）开源与节流相结合原则。

二、项目成本控制实施的步骤

在确定了项目施工成本计划之后，必须定期地进行施工成本计划值与实际值的比较，当实际值偏离计划值时，分析产生偏差的原因，采取适当的纠偏措施，以确保施工成本控制目标的实现。其实施步骤如下。

（一）比较

按照某种确定的方式将施工成本计划值与实际值逐项进行比较，以发现施工成本是否已超支。

（二）分析

在比较的基础上，对比较的结果进行分析，以确定偏差的严重性及偏差产生的原因。这是施工成本控制工作的核心，其主要目的在于找出产生偏差的原因，从而采取具有针对性的措施，减少或避免相同原因的事件再次发生或减少由此造成的损失。

（三）预测

根据项目实施情况估算整个项目完成时的施工成本。预测的目的在于为决策提供支持。

（四）纠偏

当工程项目的实际施工成本出现了偏差，应当根据工程的具体情况、偏差分析和预测的结果，采取适当的措施，使施工成本偏差尽可能小。纠偏是施工成本控制中最具实质性的一步。只有通过纠偏，才能有效控制施工成本。

（五）检查

检查是指对工程的进展进行跟踪和检查，及时了解工程进展状况以及纠偏措施的执行情况和效果，为今后的工作积累经验。

三、项目成本控制的对象和内容

（一）项目成本控制的对象

以项目成本形成的过程作为控制对象。根据对项目成本实行全面、全过程控制的要求，具体包括：工程投标阶段成本控制；施工准备阶段成本控制；施工阶段成本控制；竣工交代使用及保修期阶段的成本控制。

以项目的职能部门、施工队和生产班组作为成本控制的对象。成本控制的具体内容是日常发生的各种费用和损失。项目的职能部门、施工队和班组还应对自己承担的责任成本进行自我控制，这是最直接、最有效的项目成本控制。

以分部分项工程作为项目成本的控制对象。项目应该根据分部分项工程的实物量，参照施工预算定额，联系项目管理的技术素质、业务素质和技术组织措施的节约计划，编制包括工、料、机消耗数量以及单价、金额在内的施工预算，作为对分部分项工程成本进行控制的依据。

（二）中标以后

工程投标阶段中标以后，应根据项目的建设规模，组建与之相适应的项目经理部，同时以标书为依据确定项目的成本目标，并下达给项目经理部。

（三）施工准备阶段

根据设计图纸和有关技术资料，对施工方法、施工顺序、作业组织形式、机械设备选型、技术组织措施等进行认真的研究分析，并运用价值工程原理，制定出科学先进、经济合理的施工方案。

（四）施工阶段

将施工任务单和限额领料单的结算资料与施工预算进行核对，计算分部分项工程的成本差异，分析差异产生的原因，并采取有效的纠偏措施。

做好月度成本原始资料的收集和整理，正确计算月度成本。实行责任成本核算。

经常检查对外经济合同的履约情况，为顺利施工提供物质保证。定期检查各责任部门和责任者的成本控制情况。

（五）竣工验收阶段

重视竣工验收工作，顺利交付使用。在验收前，要准备好验收所需要的各种书面资料（包括竣工图）送甲方备查；对验收中甲方提出的意见，应根据设计要求和合同内容认真处理，如果涉及费用，应请甲方签证，列入工程结算。

及时办理工程结算。

在工程保修期间，应由项目经理指定保修工作的责任者，并责成保修责任者根据实际情况提出保修计划（包括费用计划），以此作为控制保修费用的依据。

四、项目成本控制的实施方法

（一）以项目成本目标控制成本支出

该方法通过确定成本目标并按计划成本进行施工、资源配置，对施工现场发生的各种成本费用进行有效控制，其具体的控制方法如下。

1. 人工费的控制

人工费的控制实行"量价分离"的原则，将作业用工及零星用工按定额工日的一定比例综合确定用工数量与单价，通过劳务合同进行控制。

2. 材料费的控制

材料费控制同样按照"量价分离"的原则，控制材料用量和材料价格。材料用量的控制要在保证符合设计要求和质量标准的前提下，要合理使用材料，通过材料需用量计划、定额管理、计量管理等手段有效控制材料物资的消耗，具体方法如下。

（1）材料需用量计划的编制实行适时性、完整性、准确性控制。在工程项目施工过程中，每月应根据施工进度计划，编制材料需用量计划。计划的适时性是指材料需用量计划的提出和进场要适时。计划的完整性是指材料需用量计划的材料品种必须齐全，材料的型号、规格、性能、质量要求等要明确。计划的准确性是指材料需用量的计算要准确，绝不能粗估冒算。需用量计划应包括需用量和供应量。需用量计划应包括两个月工程施工的材料用量。

（2）材料领用控制。材料领用控制是通过实行限额领料制度来控制。限额领料制度可采用定额控制和指标控制。定额控制指对于有消耗定额的材料，以消耗定额为依据，实行限额发料制度。指标控制指对于没有消耗定额的材料，则实行计划管理和按指标控制。

（3）材料计量控制。准确做好材料物资的收发计量检查和投料计量检查。计量器具要按期检验、校正，必须受控；计量过程必须受控；计量方法必须全面、准确并受控。

（4）工序施工质量控制。工程施工前道工序的施工质量往往影响后道工序的材料消耗量。首先从每个工序的施工来讲，应时时受控，一次合格，避免返修而增加材料消耗。其次是材料价格的控制。材料价格主要由材料采购部门控制。由于材料价格是由买价、运杂费、运输中的合理损耗等组成，因此控制材料价格，主要是通过掌握市场信息，应用招标和询价等方式控制材料、设备的采购价格。

施工项目的材料物资，包括构成工程实体的主要材料和结构件，以及有助于工程实体形成的周转使用材料和低值易耗品。从价值角度看，材料物资的价值占建筑安装工程造价的 60% ~ 70% 或 70% 以上，其重要程度是不言而喻的。材料物资的供应渠道和管理方式各不相同，控制的内容和方法也有所不同。

3. 施工机械使用费的控制

合理选择施工机械设备，合理使用施工机械设备对成本控制具有十分重要的意义，尤其是高层建筑施工。据某些工程实例统计，在高层建筑地面以上部分的总费用中，垂直运输机械费用占 6% ~ 10%。由于不同的起重运输机械有不同的用途和特点，因此在选择起重运输机械时，首先应根据工程特点和施工条件确定采取何种起重运输机械的组合方式。

施工机械使用费主要由台班数量和台班单价两方面决定，为有效控制施工机械使用费支出，主要从以下几个方面进行控制。

（1）合理安排施工生产，加强设备租赁计划管理，减少因安排不当引起的设备闲置。

（2）加强机械设备的调度工作，尽量避免窝工，提高现场设备利用率。

（3）加强现场设备的维修保养，避免因错误使用造成机械设备的停置。

（4）做好机上人员与辅助生产人员的协调与配合，提高施工机械台班产量。

4. 施工分包费用的控制

分包工程价格的高低，必然会对项目经理部的施工项目成本产生一定的影响。因此，施工项目成本控制的重要工作之一就是对分包价格的控制。项目经理部应在确定施工方案的初期确定需要分包的工程范围。决定分包范围的因素主要是施工项目的专业性和项目规模。对分包费用的控制主要是要做好分包工程的询价、订立平等互利的分包合同、建立稳定的分包关系网络、加强施工验收和分包结算等工作。

（二）以施工方案控制资源消耗

资源消耗数量的货币表现大部分是成本费用。因此，资源消耗的减少，就等于成本费用的节约；控制了资源消耗，也就是控制了成本费用。

以施工预算控制资源消耗的实施步骤和方法如下。

（1）在工程项目开工前，根据施工图纸和工程现场的实际情况，制定施工方案。

（2）组织实施。施工方案是进行工程施工的指导性文件，有步骤、有条理地按施工方案组织施工，可以合理配置人力和机械，可以有计划地组织物资进场，做到均衡施工。

（3）采用价值工程，优化施工方案。价值工程，又称价值分析，是一门技术与经济相结合的现代化管理科学，应用价值工程，即研究在提高功能的同时不增加成本，或在降低成本的同时不影响功能，把提高功能和降低成本统一在最佳方案中。

五、建筑项目成本核算

（一）项目成本核算概要

项目成本核算是施工项目管理系统中一个极其重要的子系统，也是项目管理最根本的标志和主要内容。

项目成本核算在施工项目成本管理中的重要性体现在两个方面：一方面，它是施工项目进行成本预测、制定成本计划和实行成本控制所需信息的重要来源；另一方面，它又是施工项目进行成本分析和成本考核的基本依据。成本预测是成本计划的基础。成本计划是成本预测的结果，也是所确定的成本目标的具体化。成本控制是对成本计划的实施进行监督，以保证成本目标的实现。而成本核算则是对成本目标是否实现的最后检验。成本考核是实现决策目标的重要手段。由此可见，施工项目成本核算是施工项目成本管理中最基本的职能，离开了成本核算，就谈不上成本管理，也就谈不上其他职能的发挥。这就是施工项目成本核算与施工项目成本管理的内在联系。

1. 项目成本核算的对象

项目成本核算的对象是指在计算工程成本中确定的归集和分配生产费用的具体对象，即生产费用承担的客体。确定成本核算对象，是设立工程成本明细分类账户、归集和分配生产费用以及正确计算工程成本的前提。

成本核算对象主要根据企业生产的特点与成本管理上的要求确定。由于建筑产品的多样性和设计、施工的单件性，在编制施工图预算、制定成本计划以及与建设单位结算工程价款时，都是以单位工程为对象。因此，按照财务制度规定，在成本核算中，施工项目成本一般应以独立编制施工图预算的单位工程为成本核算对象，但也可以按照承包工程项目的规模、工期、结构类型、施工组织和现场情况等，结合成本管理要求，灵活划分成本核算对象。一般说来有以下几种划分核算对象的方法。

（1）一个单位工程由几个施工单位共同施工时，各施工单位都应以同一单位工程为成本核算对象，各自核算自行完成的部分。

（2）规模大、工期长的单位工程，可以将工程划分为若干部位，以分部位的工程作为成本核算对象。

（3）同一建设项目，由同一施工单位施工，并在同一施工地点，属于同一建设项目的各个单位工程合并作为一个成本核算对象。

（4）改建、扩建的零星工程，可根据实际情况和管理需要，以一个单项工程为成本核算对象，或将同一施工地点的若干个工程量较少的单项工程合并作为一个成本核算对象。

2. 项目成本核算的要求

项目成本核算的基本要求如下。

（1）项目经理部应根据财务制度和会计制度的有关规定，建立项目成本核算制，明确项目成本核算的原则、范围、程序、方法、内容、责任及要求，并设置核算台账，记录原始数据。

（2）项目经理部应按照规定的时间间隔进行项目成本核算。

（3）项目成本核算应坚持三同步的原则。项目经济核算的三同步是指统计核算、业务核算、会计核算三者同步进行。统计核算即产值统计，业务核算即人力资源和物质资源的消耗统计，会计核算即成本会计核算。根据项目形成的规律，这三者之间必然存在同步关系，即完成多少产值、消耗多少资源、产生多少成本，三者应该同步，否则项目成本就会出现盈亏异常情况。

（4）建立以单位工程为对象的项目生产成本核算体系，是因为单位工程是施工企业的最终产品（成品），可独立考核。

（5）项目经理部应编制定期成本报告。

（二）项目成本核算的方法

1. 建筑工程项目成本核算的信息关系

建筑工程项目成本核算需要各方面提供信息。

2. 建筑工程项目成本核算的工作流程

建筑工程项目成本核算的工作流程是：预算→降低成本计划→成本计划→施工中的核算→竣工结算。

（三）项目成本核算的过程

成本的核算过程，实际上也是各成本项目的归集和分配的过程。成本的归集是指通过一定的会计制度，以有序的方式进行成本数据的搜集和汇总；而成本的分配是指将归集的间接成本分配给成本对象的过程，也称间接成本的分摊或分派。

工程直接费在计算工程造价时可按定额和单位估价表直接列入，但是在项目较多的单位工程施工情况下，实际发生时却有相当一部分的费用也需要通过分配方法计入。间接成本一般按一定标准分配计入成本核算对象——单位工程。核算的内容如下。

（1）人工费的归集和分配。

（2）材料费的归集和分配。

（3）周转材料的归集和分配。

（4）结构件的归集和分配。

（5）机械使用费的归集和分配。

（6）施工措施费的归集和分配。

（7）施工间接费的归集和分配。

（8）分包工程成本的归集和分配。

（四）建筑工程项目成本会计的账表

项目经理部应根据会计制度的要求，设立核算必要的账户，进行规范的核算。首先应建立三本账，再由三本账编制施工项目成本的会计报表，即四表。

1. 三账

三账包括工程施工账、其他直接费账和施工间接费账。

（1）工程施工账。用于核算工程项目进行建筑安装工程施工所发生的各项费用支出，是以组成工程项目成本的成本项目设专栏记载的。

工程施工账按照成本核算对象核算的要求，又分为单位工程成本明细账和工程项目成本明细账。

（2）其他直接费账。先以其他直接费费用项目设专栏记载，月终再分配计入受益单位工程的成本。

（3）施工间接费账。用于核算项目经理部为组织和管理施工生产活动所发生的各项费用支出，以项目经理部为单位设账，按间接成本费用项目设专栏记载，月终再按一定的分配标准计入受益单位工程的成本。

2. 四表

四表包括在建工程成本明细表、竣工工程成本明细表、施工间接费表和工程项目成本表。

（1）在建工程成本明细表。要求分单位工程列示，以组成单位工程成本项目的三本账汇总形成报表，账表相符，按月填表。

（2）竣工工程成本明细表。要求在竣工点交后，以单位工程列示，实际成本账表相符，按月填表。

（3）施工间接费表。要求按核算对象的间接成本费用项目列示，账表相符，按月填表。

（4）工程项目成本表。该报表属于工程项目成本的综合汇总表，表中除按成本项目列示外，还增加了工程成本合计、工程结算成本合计、分建成本、工程结算其他收入和工程结算成本总计等项，综合了前三个报表，汇总反映项目成本。

第四章　建筑工程项目质量管理

第一节　建筑工程项目质量管理概述

一、质量管理相关概念

（一）质量及质量管理

质量是指一组固有特性满足要求的程度。

质量不仅是指产品的质量，也包括某项活动或过程的工作质量，还包括质量管理活动体系运行的质量。质量的关注点是一组固有特性，这些特性是指满足顾客和其他相关方要求的特性，并由其满足要求的程度加以表征。

特性是指区分的特征。特性可以是固有的或赋予的，可以是定性的或定量的。特性有各种类型，一般有物质特性（如机械的、电的、化学的或生物的特性）、感官特性（如嗅觉、触觉、味觉、视觉及感觉控测的特性）、行为特性（如礼貌、诚实、正直）、人体功效特性（如语言或生理特性、人身安全特性）、功能特性（如飞机的航程、速度）。质量特性是固有的特性，并通过产品、过程或体系设计和开发及其后实现过程形成的属性。固有的意思是指在某事或某物中本来就有的，尤其是那种永久的特性。赋予的特性（如某一产品的价格）并非是产品、过程或体系的固有特性，不是它们的质量特性。

满足要求就是应满足明示的（如合同、规范、标准、技术、文件、图纸中明确规定的）、通常隐含的（如组织的惯例、一般习惯）或必须履行的（如法律、法规、行业规则）的需要和期望。与要求相比较，满足要求的程度才反映为质量的好坏。对质量的要求除考虑满足顾客的需要外，还应考虑其他相关方即组织自身利益、提供原材料和零部件等的供方利益和社会利益等多种需求。例如需考虑安全性、环境保护、节约能源等外部的强制要求。只有全面满足这些要求，才能评定为好的质量或优秀的质量。

顾客和其他相关方对产品、过程或体系的质量要求是动态的、发展的和相对的。质量要求随着时间、地点、环境的变化而变化。如随着技术的发展、生活水平的提高，人们对产品、过程或体系会提出新的质量要求。因此应定期评定质量要求、修订规范标准，不断开发新产品、改进老产品，以满足已变化的质量要求。另外，不同国家不同地区因自然环境条件不同，技术发达程度、消费水平和民俗习惯等的不同会对产品提出不同的要求，产品应具有这种环境的适应性，为不同地区应提供不同性能的产品，以满足该地区用户的明示或隐含的要求。

质量管理是指在质量方面指挥和控制组织的协调活动。与质量有关的活动，通常包括质量方针和质量目标的建立、质量策划、质量控制、质量保证和质量改进等。所以，质量管理就是确定和建立质量方针、质量目标及职责，并在质量管理体系中通过质量策划、质量控制、质量保证和质量改进等手段来实施和实现全部质量管理职能的所有活动。

（二）施工质量及工程项目质量管理

施工质量是指建筑工程项目施工活动及其产品的质量，即通过施工使工程满足业主（顾客）需要并符合国家法律、法规、技术规范标准、设计文件及合同规定的要求，包括在安全性、使用功能、耐久性、环境保护等方面所有明示和隐含需要的能力的特性综合。其质量特性主要体现在由施工形成的建筑工程的适用性、安全性、耐久性、可靠性、经济性及与环境协调性六个方面。

工程项目质量管理是指工程项目在施工安装和施工验收阶段，指挥和控制工程施工组织关于质量的相互协调的活动，使工程项目施工围绕着使产品质量满足不断更新的质量要求而开展的策划、组织、计划、实施、检查、监督和审核等所有管理活动的总和。它是工程项目施工各级职能部门领导的职责，而工程项目施工的最高领导即施工项目经理应负全责。施工项目经理必须调动与施工质量有关的所有人员的积极性，共同做好本职工作，才能完成施工质量管理的任务。

工程项目质量管理过程包括质量策划、质量计划、质量控制等，具体如下。

1. 工程项目质量策划

质量策划致力于制定质量目标并规定必要的运行过程和相关资源以实现质量目标。

工程项目质量策划是围绕项目所进行的质量目标策划、运行过程策划、确定相关资源等活动的过程。工程项目质量策划的结果是明确项目质量目标；明确为达到质量目标应采取的措施，包括必要的作业过程；明确应提供的作业条件，包括人员、设备等资源条件；明确项目参与各方、部门或岗位的质量职责。工程项目质量策划的结果可用质量计划、质量技术文件等质量管理文件形式加以表达。

2. 工程项目质量计划

工程项目质量计划是指确定工程项目的质量目标并规定达到这些质量目标必要的作业过程、专门的质量措施和资源等工作。质量计划往往不是一个单独的文件，而是由一系列文件所组成的。

项目开始时应从总体考虑，编制规划性的质量计划，如质量管理计划。随着项目的进展，进而编制各阶段较详细的质量计划，如项目操作规范。工程项目质量计划的格式和详细程度虽并无统一规定，但应与工程的复杂程度及施工单位的施工部署相适应，计划应尽可能简明。其作用是对外可作为针对特定工程项目的质量保证，对内可作为针对特定工程项目质量管理的依据。

施工项目质量计划的编制包括以下内容。

（1）编制依据。质量手册和质量体系程序。

（2）施工项目概况。质量计划一般是系列文件而不是单独文件，对于不同的部分应交代清楚项目的情况。

（3）质量目标。必须明确并应分解到各部门及项目的全体成员，以便于实施检查、考核。

（4）组织机构（管理体系）。组织机构指为实现质量目标而组成的管理机构。

（5）质量控制及管理组织协调的系统描述。有关部门和人员应承担的任务、责任、权限和质量控制完成情况的奖罚情况。

（6）必要的质量控制手段，施工过程、服务、检验和试验程序等。

（7）确定关键工序和特殊过程及作业的指导书。

（8）与施工阶段相适应的检验、试验、测量、验证要求。

（9）更改和完善质量计划的程序。

二、工程项目质量控制

（一）质量控制的概念

质量控制的定义是：质量管理的一部分，致力于满足质量要求。工程项目质量控制是在明确的质量方针指导下，通过对施工方案和资源配置的计划、实施、检查和处置，进行施工质量目标的事前控制、事中控制和事后控制的系统过程。

上述定义可以从以下几方面去理解。

质量控制是质量管理的重要组成部分，其目的是使产品、体系或过程的固有特性达到规定的要求，即满足顾客、法律、法规等方面所提出的质量要求（如适用性、安全性等）。所以，质量控制是通过采取一系列的作业技术和活动对各个过程实施控制的。

质量控制的工作内容包括了作业技术和活动，也就是包括专业技术和管理技术两个方面。围绕产品形成全过程每一阶段的工作如何能保证做好，应对影响其质量的人、机、料、法、环因素进行控制，并对质量活动的成果进行分阶段验证，以便及时发现问题，查明原因，采取相应纠正措施，防止不合格的情况发生。因此，质量控制应贯彻预防为主与检验把关相结合的原则。

质量控制应贯穿在产品形成和体系运行的全过程。每一过程都有输入、转换和输出等三个环节，通过对每一个过程三个环节实施有效控制，对产品质量有影响的各个过程处于受控状态，持续提供符合规定要求的产品才能得到保障。

（二）工程项目质量控制的原则

（1）坚持质量第一。工程质量是建筑产品使用价值的集中体现，用户最关心的就是工程质量的优劣，或者说用户的最大利益在于工程质量。在项目施工中必须树立"百年大计，质量第一"的思想。

（2）坚持以人为控制核心。人是质量的创造者，质量控制必须"以人为核心"，发挥人的积极性、创造性。

（3）坚持全面控制。施工项目全过程的质量控制。施工项目从签订承包合同一直到竣工验收结束，质量控制贯穿于整个施工过程。

（4）全员的质量控制。质量控制是依赖项目部全体人员的共同努力的。所以质量控制必须把项目所有人员的积极性和创造性充分调动起来，做到人人关心质量控制，人人做好质量控制工作。

（5）坚持质量标准。质量标准是评价工程质量的尺度，数据是质量控制的基础。工程质量是否符合质量要求，必须通过严格检查，以数据为依据。

（6）坚持预防为主。预防为主，是指事先分析影响产品质量的各种因素，采取措施加以重点控制，使质量问题消灭在发生之前或萌芽状态，做到防患于未然。

（三）施工质量控制的特点

施工质量控制的特点是由工程质量特点决定的。而工程质量的特点又表现为工程项目的工程特点和施工特点，所以施工质量控制必须考虑和适应工程项目的工程特点和施工特点，进行针对性的控制。

建筑工程项目具有一次性、固定性与生产的流动性、单件性、体积庞大性、预约性等特点，这些特点决定了建筑工程质量的特点。

（1）影响因素多。房屋建筑工程的施工质量受到多种因素的影响，如设计、材料、机械、地质、水文、气象、施工工艺、操作方法、技术措施、管理制度等。

（2）质量波动大。由于房屋建筑产品生产的单件性和流动性，不具有一般工业产品生产的固定生产流水线、规范化的生产工艺、完善的检测技术、成套的生产设备和稳定的生产环境，所以工程质量易产生波动而且波动大。同时由于影响工程质量的因素多，任何一种因素发生变动，都会导致工程质量出现波动，如材料的规格、品种的错误使用、施工方法的不当、操作的失误、机械的故障，等等。

（3）质量隐蔽性。房屋建筑工程项目在施工过程中，工序交接多、中间产品多、隐蔽工程多，因此质量存在隐蔽性。在施工质量控制中，应加强对施工过程的质量检查，及时发现存在的质量问题，避免事后从表面进行检查而难以发现其内在的质量问题，造成质量隐患。

（4）终检局限大。房屋建筑工程建成以后不能像一般工业产品那样，依靠终检来判断和控制产品的质量，也不可能像工业产品那样将其拆卸或解体检查内在质量或更换不合格的零部件。工程项目的终检（竣工）验收存在一定的局限性，因此，工程项目的施工质量控制应以预防为主，防患于未然。

（四）施工质量控制的依据

房屋建筑施工质量控制的依据，大体上有以下 4 类。

（1）工程合同文件。工程施工承包合同文件规定了参与建设各方在质量控制方面的权利和义务，有关各方必须履行在合同中的承诺。

（2）设计文件。"按图施工"是施工质量控制的一项重要原则。因此，经过批准的设计图纸和技术说明书等设计文件，无疑是质量控制的重要依据。但从质量控制的角度出发，承包单位在参加技术交底及图纸会审时，还应充分了解设计意图和质量要求，以达到发现图纸差错和减少质量隐患的目的。

（3）国家及政府有关部门颁布的有关质量控制方面的法律、法规性文件。如《中华人民共和国建筑法》《建设工程质量管理条例》《建筑业企业资质管理规定》等都是质量控制方面所应遵循的基本法规文件。

（4）有关质量检验与控制的专门技术法规性文件。这类文件一般是针对不同行业、不同的质量控制对象而制定的技术法规性的文件，包括各种有关的标准、规范、规程或规定。技术标准有国际标准、国家标准、行业标准、地方标准和企业标准之分。它们是建立和维护正常的生产和工作秩序应遵守的准则，也是衡量工程、设备和材料质量的尺度。

三、施工质量的影响因素

工程项目质量影响因素很多，归纳起来主要有五个方面，即人（man）、材料（material）、机械（machine）、方法（method）和环境（environment），简称为 4M1E 因素。

（一）人的因素

人是生产经营活动的主体，人员因素控制就是对直接参与工程施工的组织者、指挥者和操作者的各种行为进行控制。要充分调动施工人员的主观能动性，尽量避免人为失误。工程建设的全过程，如项目的规划、决策、勘察、设计和施工都是通过人来完成的。人员的因素将直接或间接地对规划、决策、勘察、设计和施工的质量产生影响。在人员因素控制中，必须充分考虑人的素质，如技术水平、人的生理缺陷、心理行为和人的错误行为对项目质量的影响。

要遵循量才录用和扬长避短的原则，加以综合考虑和全面控制，特别要加强政治思想、劳动纪律和职业道德教育，全面进行专业技术知识培训，提高技术水平，建筑行业实行经营资质管理，各类专业从业人员实行持证上岗制度。另外要建立健全岗位责任制和奖罚措施，尽量改善劳动条件，杜绝人为因素对项目质量的不利影响。

（二）材料的因素

材料控制包括原材料、成品、半成品、构配件等的质量控制。材料质量控制是工程质量的基础，材料质量不符合要求，工程质量就不可能符合标准，所以加强材料的质量控制，是提高工程质量的重要保证。材料的控制要做到进入现场的工程材料必须有产品合格证或质量保证书、性能检测报告，并符合设计标准要求；凡需复试检测的建筑材料必须复试合格才能使用；使用进口的工程材料必须符合我国相应的质量标准；严禁易污染、易反应的材料混放；注意设计、施工过程对材料、构配件、半成品的合理选用，严禁混用、少用，避免造成质量失控。

（三）施工机械的因素

机械设备的控制包括工程项目设备和施工机械设备的质量控制。工程项目设备是指组成工程实体配套的工艺设备和各类机具，如电梯、泵机、通风空调设备等，它们是工程项目的重要组成部分，其质量的优劣会直接影响工程使用功能和质量。施工机械设备是工程项目实施的重要物质基础，合理选择和正确使用施工机械设备是保证施工质量的重要物质基础。必须对工程项目设备和施工机械设备的购置、检查验收、安装质量和试车运转加以控制，确保工程项目质量目标的实现。

（四）方法的因素

施工方法的控制主要包括施工技术方案、施工工艺、施工技术措施等方面的控制。采用先进合理的工艺、技术，依据规范的工法和作业指导书进行施工，必将对组成质量因素的产品精度、平整度、清洁度、密封性等物理、化学特性起到良性的推进作用。比如近年来，住建部在全国建筑业中推广的 10 项新技术，包括地基基础和地下空间工程技术、高性能混凝土技术、高效钢筋和预应力技术、新型模板脚手架应用技术、钢结构技术、建筑防水技术等，对确保建设工程质量和消除质量通病起到了积极作用，收到了明显的效果。环境因素的控制主要包括工程技术环境、工程管理环境和施工作业环境。

工程技术环境主要指工程地质、水文、气象、周边建筑、地下管道线路及其他不可抗力因素。在编制施工方案、施工计划和措施时，应从自然环境的特点和规律出发，制定切实可行且具有针对性的技术方案和施工对策，防止地下水和地面水对施工的影响，保证周围建筑和地下管线的安全。

工程管理环境主要指施工单位的质量保证体系和质量管理制度。根据承发包的合同结构，理顺各参建施工单位之间的管理关系，建立现场施工组织系统和质量管理的综合运行机制，保证质量和体系处于良好的状态。

施工作业环境主要指施工现场的水电供应、施工照明、通风、安全防护措施、施工场地空间条件、交通运输和道路条件等。这些条件是否良好会直接影响到施工能否顺利进行。施工时应规范施工现场的机械设备、材料构件、道路管线和各种大型设施的布置，落实现场的各种安全防护措施，做出明确标识，保证施工道路的畅通，采取特殊环境下施工作业的通风、照明措施。

四、质量管理的原理

（一）PDCA 循环原理

PDCA 循环是由美国质量管理专家戴明博士首先提出来的，所以又称为"戴明环"。它是全面质量管理所应遵循的科学程序。PDCA 循环是在长期的生产实践过程和理论研究中形成的，是确立质量管理和建立质量体系的基本原理。每一循环都围绕着实现预期的目标，进行计划、实施、检查和处置活动，随着对存在问题的克服、解决和改进，不断增强质量能力，提高质量水平。一个循环的四大职能活动相互关系，共同构成质量管理的系统过程。

PDCA 的含义是：P（plan）——计划，D（do）——实施，C（check）——检查，A（action）——行动。对总结检查的结果进行处理，成功的经验加以肯定并适当推广、标准化，失败的教训加以总结，未解决的问题放到下一个 PDCA 循环里。以上四个过程并不是运行一次就结束，而是周而复始地进行，一个循环完了，解决一些问题，未解决的问题进入下一个循环，实现阶梯式螺旋上升。PCDA 循环实际上是有效进行任何一项工作的合乎逻辑的工作程序。

为了解决和改进质量问题，通常把 PDCA 循环具体化为 8 个步骤：①分析现状，找出存在的质量问题；②分析产生质量问题的各种原因或影响因素；③找出影响质量的主要因素；④针对影响质量的主要因素，制定措施，提出行动计划，并预计效果；⑤执行措施或计划；⑥检查采取措施后的效果，并找出问题；⑦总结经验，制定相应的标准或制度；⑧提出尚未解决的问题。

质量控制的全过程是反复按照 PDCA 的循环周而复始地运转，每运转一次，工程质量就提高一步。PDCA 循环具有大环套小环、互相衔接、互相促进，螺旋式上升，完整的循环和推动 PDCA 循环等特点。

（二）全面质量管理（TQM）

TQM（total quality management）是 20 世纪中期在欧美和日本广泛应用的质量管

理理念和方法，我国从 20 世纪 80 年代开始引进和推广全面质量管理方法。全面质量管理这个名称，最先是 20 世纪 60 年代初由美国的著名专家菲根堡姆在其《全面质量管理》一书中提出的。它是在传统的质量管理基础上，随着科学技术的发展和经营管理上的需要发展起来的现代化质量管理方法，现已成为一门系统性很强的科学。其基本原理就是强调在企业或组织的最高管理者制定的质量方针的指引下，实行全方位、全过程和全员参与的质量管理。TQM 的主要特点是以顾客满意为宗旨；领导参与质量方针和目标的制定；提倡预防为主、科学管理、用数据说话等。在当今国际标准化组织颁布的质量管理体系标准中，都体现了这些重要特点和思想。建筑工程项目的质量管理，同样应贯彻如下三全管理的思想和方法。

1. 全方位质量管理

建筑工程项目的全面质量管理，是指建筑工程项目各方人员所进行的工程项目质量管理的总称，其中包括产品（工程）质量和工作质量的全面管理。工作质量是产品质量的保证，工作质量直接影响产品质量的形成。业主、监理单位、勘察单位、设计单位、施工总包单位、施工分包单位、材料设备供应商等，任何一方任何环节的怠慢疏忽或质量责任不到位都会影响建筑工程质量。

2. 全过程质量管理

全过程质量管理是指根据工程质量的形成规律，从源头抓起，全过程推进 GB/T 19000 强调质量管理"过程方法"的管理原则。因此必须掌握识别过程和应用"过程方法"进行全程质量控制。主要的过程有：项目策划与决策过程；勘察设计过程；施工采购过程；施工组织与准备过程；检测设备控制与计量过程；施工生产的检验试验过程；工程质量的评定过程；工程竣工验收与交付过程；工程回访维修服务过程等。

3. 全员参与质量管理

按照全面质量管理的思想，组织内部的每个部门和工作岗位都承担有相应的质量职能，组织的最高管理者确定了质量方针和目标，就应组织和动员全体员工参与到实施质量方针的系统活动中去，发挥自己的角色作用。开展全员参与质量管理的重要手段就是运用目标管理方法，将组织的质量总目标逐级进行分解，使之形成自上而下的质量目标分解体系和自下而上的质量目标保证体系。发挥组织系统内部每个工作岗位、部门或团队在实现质量总目标过程中的作用。

五、质量控制的基本环节

工程项目质量控制应贯彻全面全过程质量管理的思想，运用动态控制原理，进行质量的事前控制、事中控制和事后控制。

事前质量控制是在正式施工前进行质量控制，控制重点是做好准备工作。要求在切实可行并有效实现预期质量目标的基础上，预先进行周密的施工质量计划，编制施工组织设计或施工项目管理实施规划作为一种行动方案，对影响质量的各因素和有关方面进行预控。应注意使准备工作贯穿施工全过程。

事中质量控制是指在施工过程中进行质量控制。是对质量活动的行为约束，即对质量产生过程中各项技术作业活动操作者在相关制度管理下的自我行为约束的同时，充分发挥其技术能力，完成预定质量目标的作业任务。是来自外部的对质量活动过程和结果监督控制。事中质量控制的策略是全面控制施工过程及其有关各方面的质量，重点是控制工序质量、工作包质量、质量控制点。

事后质量控制是指对于通过施工过程所完成的具有独立的功能和使用价值的最终产品（单位工程或整个工程项目）及其有关方面（如质量文档）的质量进行控制，包括对质量活动结果的评价和认定以及对质量偏差的纠正。

在实际工程中不可避免地存在一些难以预料的影响因素，很难保证所有作业活动"一次成功"；另外，对作业活动的事后评价是判断其质量状态不可缺少的环节。

以上三大环节不是互相孤立和截然分开的，它们共同构成有机的系统过程，实质上也就是质量管理 PDCA 循环的具体化，在每一次滚动循环中不断提高，达到质量管理和质量控制的持续改进。

第二节　建筑工程项目各阶段质量控制的实施

一、施工准备阶段的质量控制

施工准备阶段的质量控制是指项目正式施工活动开始前，对各项准备工作及影响质量的各种因素和有关方面进行的质量控制。

施工准备是为保证施工生产正常进行而必须事先做好的工作。施工准备工作不仅是在工程开工前要做好，而且贯穿于整个施工过程。施工准备的基本任务就是为施工项目建立一切必要的施工条件，确保施工生产顺利进行，使工程质量符合要求。

（一）质量管理体系的建立

增强职工的质量意识，做好质量控制的基础工作，掌握工程项目质量管理和质量的情况。

贯彻 ISO 9000 标准、体系建立和通过认证。

增强领导班子的质量意识，组建质量管理机构，使质量管理权限得以实施。

建立项目经理部的质量管理体系。承包单位健全的质量管理体系，对于取得良好的质量效果具有重要作用。

（二）编制施工组织设计（质量计划）

质量计划是质量策划结果的一项管理文件。对工程建设而言，质量计划主要是针对特定的工程项目为完成预定的质量控制目标，编制专门规定的质量措施、资源和活动顺序的文件。其作用是，对外作为针对特定工程项目的质量保证，对内作为针对特定工程项目质量控制的依据。根据质量管理的基本原理，质量计划包含为达到质量目标、质量要求的计划、实施、检查及处理这四个环节的相关内容，即 PDCA 循环。具体而言，质量计划应包括下列内容：编制依据；项目概况；质量目标；组织机构；质量控制及管理组织协调的系统描述；必要的质量控制手段，检验和试验程序；确定关键过程和特殊过程及作业的指导书；与施工过程相适应的检验、试验、测量、验证要求；更改和完善质量计划的程序等。

质量计划与现行施工管理中的施工组织设计有相同的地方，又存在着差别。

对象相同。质量计划和施工组织设计都是针对某一特定工程项目而提出的。

形式相同。二者均为文件形式。

作用既相同又存在区别。投标时，投标单位向建设单位提供的施工组织设计或质量计划的作用是相同的，都是对建设单位作出工程项目质量管理的承诺；施工期间承包单位编制的详细的施工组织设计仅供内部使用，用于具体指导工程项目的施工，而质量计划的主要作用是向建设单位做出保证。

编制的原理不同。质量计划的编制是以质量管理标准为基础的，从质量职能上对影响工程质量的各环节进行控制；而施工组织设计则是从施工部署的角度，着重于技术质量，形成规律来编制全面施工管理的计划文件。

在内容上各有侧重点。质量计划的内容按其功能包括质量目标、组织结构和人员培训、采购、过程质量控制的手段和方法，而施工组织设计是建立在对这些手段和方法结合工程特点具体而灵活运用的基础上的。

编制施工组织设计时应掌握如下原则：①施工组织设计的编制应符合规定的程序；②施工组织设计应符合国家的技术政策，充分考虑承包合同规定的条件、施工现场条件及法规条件的要求，突出"质量第一，安全第一"的原则；③施工组织设计的针对性——应了解并掌握了本工程的特点及难点，施工条件应分析充分；④施工组织设计的可操作性——有能力执行并保证工期和质量目标，施工组织设计切实可行；⑤技术方案的先进性——施工组织设计采用的技术方案和措施应先进适用，技术成熟；⑥质量管理和技术管理体系，质量保证措施健全且切实可行；⑦安全、环保、消防和文明施工措施切实可行并符合有关规定。

（三）施工现场准备的质量控制

1. 工程定位及标高基准控制

工程施工测量放线是建设工程产品由设计转化为实物的第一步。施工测量的质量好坏，会直接影响工程产品的综合质量，并且制约着施工过程中有关工序的质量。如测量控制基准点或标高有误，会导致建筑物或结构的位置或高程出现差误，从而影响整体质量。因此，工程测量控制可以说是施工中事前质量控制的一项基础工作，它是施工准备阶段的一项重要内容。

施工承包单位对建设单位（或其委托的单位）给定的原始基准点、基准线和标高等测量控制点进行复核，并将复测结果报监理工程师审核，经批准后施工承包单位才能据此进行准确的测量放线，建立施工测量控制网，并对其正确性负责，同时做好基桩的保护。

复测施工测量控制网。在工程总平面图上，各种建筑物或构筑物的平面位置是用施工坐标系统的坐标来表示的。施工测量控制网的初始坐标和方向，一般是根据测量控制点测定的，测定好建筑物的长向主轴线即可作为施工平面控制网的初始方向，以后在控制网加密或建筑物定位时，不再用控制点定向，以免使建筑物发生不同的位移及偏转。复测施工测量控制网时，应抽检建筑方格网、控制高程的水准网点以及标桩埋设位置等。

2. 施工平面布置的控制

根据建设单位按照合同约定提供给承包单位现场范围绘制施工总平面图，图中详细注明各工作区的位置及施工顺序。施工现场总体布置要合理，要有利于保证施工顺利地进行，也要有利于保证质量，特别要对场区的道路、防洪排水、器材存放、给水及供电、混凝土供应及主要垂直运输机械设备布置等方面予以重视。

3. 材料构配件采购订货的控制

工程所需的原材料、半成品、构配件等都将构成永久性工程的组成部分。它们的质量好坏直接影响到未来工程产品的质量，因此需要事先对其质量进行严格控制。

凡由承包单位负责采购的原材料、半成品或构配件，在采购订货前应向监理工程师申报；对于重要的材料还应提交样品，以供试验或鉴定，有些材料则要求供货单位提交理化试验单（如预应力钢筋的硫、磷含量等）、经监理工程师审查认可后方可进行订货采购。

对于半成品或构配件，应按经过审批认可的设计文件和图纸要求采购订货，质量应满足有关标准和设计的要求，交货期应满足施工及安装进度安排的需要。

供货厂家是制造材料、半成品、构配件主体，通过考查、优选合格的供货厂家，是保证采购、订货质量的前提，因此，大宗的器材或材料的采购应当采用招标采购的方式。

对于半成品和构配件的采购、订货，应有明确的质量要求、质量检测项目及标准；出厂合格证或产品说明书等质量文件的要求，以及是否需要权威性的质量认证等。

某些材料，如瓷砖等装饰材料，订货时最好一次订齐和备足货源，以免由于分批而出现色泽不一的质量问题。

供货厂方应向需方（订货方）提供质量文件，用以表明其提供的货物能够完全达到需方提出的质量要求。此外，质量文件也是承包单位（当承包单位负责采购时）将来在工程竣工时应提供的竣工文件的一个组成部分，其用以证明工程项目所用的材料或构配件等的质量符合要求。

质量文件主要包括：产品合格证及技术说明书；质量检验证明；检测与试验者的资格证明；关键工序操作人员资格证明及操作记录（例如大型预应力构件的张拉应力工艺操作记录）；不合格品或质量问题处理的说明及证明；有关图纸及技术资料；必要时还应附有权威性认证资料。

4. 施工机械配置的控制

施工机械设备的选择，除应考虑施工机械的技术性能、工作效率，工作质量，可靠性及维修难易、能源消耗，以及安全、灵活等方面对施工质量的影响与保证外，还应考虑其数量配置对施工质量的影响与保证条件。如为保证混凝土连续浇筑，应配备有足够的搅拌机和运输设备；在一些城市建筑施工中，有防止噪声的限制，必须采用静力压桩等。此外，要注意设备形式应与施工对象的特点及施工质量要求相适应。如对于黏性土的压实，可以采用羊足碾进行分层碾压；但对于砂性土的压实则宜采用振动压实机等类型的机械。在选择机械性能参数方面，也要与施工对象特点及质量要求相适应，如选择起重机械进行吊装施工时，其起重量、起重高度及起重半径均应满足吊装要求。

施工机械设备的数量应足够。如在进行就地灌注桩施工时，应有备用的混凝土搅拌机和振捣设备，以防止由于机械发生故障，使混凝土浇筑工作中断，造成断桩等质量事故。

所需的施工机械设备，应按计划备妥，且都处于完好的可用状态。机械设备的类型、规格、性能不能保证施工质量的以及维护修理不良，不能保证良好的可用状态的都不准使用。

5. 分包单位资质的确认

保证分包单位的质量，是保证工程施工质量的一个重要环节和前提。因此应对分包单位资质进行严格控制。控制的重点一般是分包单位施工组织者、管理者的资格与质量管理水平，特殊专业工种和关键施工工艺或新技术、新工艺、新材料等应用方面操作者的素质与能力。

6.设计交底与施工图纸的现场核对

在施工阶段,设计文件是施工的依据。因此,承包单位应认真参加由建设单位主持的设计交底工作,以透彻地了解设计原则及质量要求;同时,承包单位还要认真做好图纸核对工作,对于审图过程中发现的问题,及时以书面形式报告给建设单位。

参加设计交底应着重了解的内容。有关地形、地貌、水文气象、工程地质及水文地质等自然条件方面;主管部门及其他部门(如规划、环保等)对本工程的要求、设计单位采用的设计规范、建筑材料的供应情况等;设计意图如设计思想、设计方案比选的情况、基础开挖及基础处理方案、结构设计意图、设备安装和调试要求、施工进度与工期安排等;施工应注意的事项,如基础处理的要求、对建筑材料方面的要求、主体工程设计中采用新结构或新工艺对施工提出的要求、为实现进度安排而应采用的施工组织和技术保证措施等。

施工图纸的现场核对。施工图是工程施工的直接依据,为了充分了解工程特点和设计要求,减少图纸的差错,确保工程质量,减少工程变更,施工承包单位应做好施工图的现场核对工作。核对主要包括以下几个方面:施工图纸合法性的认定;图纸与说明书是否齐全,如分期出图,图纸供应是否满足需要;地下构筑物、障碍物、管线是否探明并标注清楚;图纸中有无遗漏、差错或相互矛盾之处,图纸的表示方法是否清楚和符合标准等;地质及水文地质等基础资料是否充分、可靠,地形、地貌与现场实际情况是否相符;施工图或说明书中所涉及的各种标准、图册、规范、规程等是否备齐。

对于存在的问题,施工单位应以书面形式提出,在设计单位以书面形式进行解释或确认后,才能进行施工。

二、施工阶段的质量控制

施工过程中的质量控制就是对施工过程在进度、质量、安全等方面实行全面控制。施工阶段质量控制的主要工作是以工序质量控制为核心,设置质量控制点,严格质量检查,完善工程变更,做好成品的保护。

(一)技术交底

做好技术交底是保证施工质量的重要措施之一。项目开工前应由项目技术负责人向承担施工的负责人或分包人进行书面技术交底,技术交底资料应办理签字手续并归档保存。

每一分部工程开工前均应进行作业技术交底。技术交底书应由施工项目技术人员编制,并经项目技术负责人批准实施。技术交底的内容主要包括:任务范围、施工方法、质量标准和验收标准,施工中应注意的问题,可能出现意外的措施及应急方案,文明施工和安全防护措施以及成品保护要求等。技术交底应围绕施工材料、机具、工艺、工法、施工环境和具体的管理措施等方面进行，应明确具体的步骤、方法、要求和完成的时间等。技术交底的形式有书面、口头、会议、挂牌、样板、示范操作等。

（二）测量的质量控制

项目开工前应编制测量控制方案，经项目技术负责人批准后实施。对相关部门提供的测量控制点应做好复核工作，经审批后进行施工测量放线，并保存测量记录。在施工过程中应对设置的测量控制点线妥善保护，不准擅自移动。在施工过程中必须认真进行施工测量复核工作，这是施工单位应履行的技术工作职责，其复核结果应报送监理工程师复验确认后，方能进行后续相关工序的施工。

（三）施工过程质量检查

施工过程质量检查如表 4-1 所示。

表 4-1　施工过程质量检查表

项目	内容
施工操作质量巡视检查	有些质量问题是由于操作不当所致，虽然表面上似乎影响不大，却隐藏着潜在的危害；所以，在施工过程中，必须注意加强对操作质量的巡视检查；对违章操作、不符合质量要求的要及时纠正，防患于未然
工序质量交接检查	严格执行"三检"制度，即自检、互检、交接检；各工序按施工技术标准进行质量控制，每道工序完成后应进行检查；各专业工种相互之间应进行交接检验，并形成记录；未经监理工程师检查认可，不得进行下道工序施工
隐蔽检查验收	隐蔽检查验收，是指将被其他工序施工所隐蔽的分项、分部工程，在隐蔽前所进行的检查验收；实践证明，坚持隐蔽验收检查是消除隐患，避免质量事故的重要措施；隐蔽工程未验收签字，不得进行下道工序施工；隐蔽工程验收后，要办理隐蔽签证手续，列入工程档案
工程预检	预检是指工程在未施工前所进行的预先检查；预检是确保工程质量、防止可能发生偏差造成重大质量事故的有力措施

（四）工序施工质量控制

工程项目的施工过程是由一系列相互关联、相互制约的工序所构成的。工序质量是基础，直接影响工程项目的整体质量。要控制工程项目施工过程的质量，首先必须控制工序的质量。工序施工质量控制主要包括工序施工条件质量控制和工序施工效果质量控制。

1. 工序施工条件控制

工序施工条件是指从事工序活动的各种生产要素及生产环境条件。控制方法主要包括检查、测试、试验、跟踪监督等。控制依据是设计质量标准、材料质量标准、机械设备技术性能标准、操作规程等。控制方式是对工序准备的各种生产要素及环境条件宜采用的事前质量控制的模式（即预控）。

2. 工序施工效果控制

工序施工效果主要反映在工序产品的质量特征和特性指标方面。对工序施工效果控制就是控制工序产品的质量特征和特性指标是否达到设计要求和施工验收标准。工序施工效果质量控制一般属于事后质量控制，其控制的基本步骤包括实测、统计、分析、判断、认可或纠偏。

影响工序施工质量的因素对工序质量所产生的影响，可能表现为一种偶然的、随机性的影响，也可能表现为一种系统性的影响。施工管理者应当在整个工序活动中，连续地实施动态跟踪控制。通过对工序产品的抽样检验，判定产品质量波动的状态。若工序活动处于异常状态，则应查找出影响质量的原因，采取措施排除系统性因素的干扰，使工序活动恢复到正常状态，从而保证工序活动及其产品的质量。

（五）质量控制点的设置

质量控制点是指为了保证作业过程质量而确定的重点控制对象、关键部位或薄弱环节。设置质量控制点是保证达到施工质量要求的必要前提。对于质量控制点，一般要事先分析可能造成质量问题的原因，再针对原因制定对策和措施进行预控。

承包单位在工程施工前应根据施工过程质量控制的要求，列出质量控制点明细表。表中应详细地列出各质量控制点的名称或控制内容、检验标准及方法等，提交监理工程师审查批准后，再在此基础上实施质量预控。

1. 选择质量控制点的一般原则

可作为质量控制点的对象涉及面广，它可能是技术要求高、施工难度大的结构部位，也可能是影响质量的关键工序、操作或某一环节。结构部位、影响质量的关键工序、操作、施工顺序、技术、材料、机械、自然条件、施工环境等均可作为质量控制点来控制。概括地说，应当选择那些保证质量难度大的、对质量影响大的或者是发生质量问题时危害大的对象作为质量控制点，如以下几点。

（1）施工过程中的关键工序或环节以及隐蔽工程，例如预应力结构的张拉工序，钢筋混凝土结构中的钢筋架立。

（2）施工中的薄弱环节，或质量不稳定的工序、部位或对象，如地下防水层施工。

（3）对后续工程施工或对后续工序质量或安全有重大影响的工序、部位或对象，例如预应力结构中的预应力钢筋质量、模板的支撑与固定等。

（4）采用新技术、新工艺、新材料的部位或环节。

（5）施工上无足够把握的、施工条件困难的或技术难度大的工序或环节，例如复杂曲线模板的放样等。

显然，是否设置为质量控制点，主要是视其对质量特性影响的大小、危害程度以及其质量保证的难度大小而定。

2. 作为质量控制点重点控制的对象

（1）人的行为：对某些作业或操作，应以人为重点进行控制，例如高空、高温、水下、危险作业等，对人的身体或心理素质应有相应的要求；技术难度大或精度要求高的作业，如复杂模板放样等对人的技术水平均有较高要求。

（2）物的质量与性能：施工设备和材料是直接影响工程质量和安全的主要因素，对某些工程尤为重要，常作为控制的重点。如基础的防渗灌浆，灌浆材料细度及可灌性，作业设备的质量、计量仪器的质量都是直接影响灌浆质量和效果的主要因素。

（3）关键的操作：如预应力钢筋的张拉工艺操作过程及张拉力的控制，是可靠地建立预应力值和保证预应力构件质量的关键过程。

（4）施工技术参数：例如对填方路堤进行压实时，对填土含水量等参数的控制是保证填方质量的关键；冬季施工时，混凝土受冻临界强度等技术参数是质量控制的重要指标。

（5）施工顺序：对于某些工作必须严格作业之间的顺序，如对于冷拉钢筋应当先对焊、后冷拉，否则会失去冷强；对于屋架固定一般应采取对角同时施焊，以免焊接应力使已校正的屋架发生变位等。

（6）技术间歇：有些作业之间需要有必要的技术间歇时间，例如砖墙砌筑后与抹灰工序之间以及抹灰与粉刷或喷涂之间，均应保证有足够的间歇时间；混凝土浇筑后至拆模之间也应保持一定的间歇时间等。

（7）新工艺、新技术、新材料的应用：由于缺乏经验，施工时可作为重点进行严格控制。

易发生质量通病的工序应列为重点，仔细分析、严格控制。例如防水层的铺设，供水管道接头的渗漏等。

易对工程质量产生重大影响的施工方法：如液压滑模施工中的支承杆失稳问题、升板法施工中提升差的控制等，都是一旦施工不当或控制不严就可能引起重大质量事故问题，其也应作为质量控制的重点。

特殊地基或特种结构：如大孔性湿陷性黄土、膨胀土等特殊土地基的处理、大跨度和超高结构等难度大的施工环节和重要部位等都应予特别重视。

质量控制点的选择要准确、有效。一方面需要有经验的工程技术人员来进行选择，另一方面也要集思广益，集中群体智慧由有关人员充分讨论，在此基础上进行选择。选择时要根据对重要的质量特性进行重点控制的要求，选择质量控制的重点部位、重点工序和重点的质量因素作为质量控制点，进行重点控制和预控，这是进行质量控制的有效方法。

（六）进场材料构配件的质量控制

凡运到施工现场的原材料、半成品或构配件，进场前应向项目监理机构提交《工程材料／构配件设备报审表》，同时附有产品出厂合格证及技术说明书，由施工承包单位按规定要求进行检验的检验报告，经监理工程师审查并确认其质量合格后，方准进场。凡是没有产品出厂合格证明及检验不合格者不得进场。

进口材料的检查、验收，应会同国家商检部门进行。如在检验中发现质量问题或数量不符合规定要求时，应取得供货方及商检人员签署的商务记录，在规定的索赔期内进行索赔。

材料构配件存放条件的控制，质量合格的材料、构配件进场后，到其使用或安装时，通常都要经过一定的时间间隔。在此时间内，如果对材料等的存放、保管不良，可能导致质量状况的恶化，如损伤、变质、损坏，甚至不能使用。因此，承包单位应注意材料、半成品、构配件的存放、保管条件及时间。

对于材料、半成品、构配件等，应当根据它们的特点、特性以及对防潮、防晒、防锈、防腐蚀、通风、隔热以及温度、湿度等方面的不同要求，安排适宜的存放条件，以保证其存放质量。例如，对水泥的存放应当防止受潮，存放时间一般不宜超过3个月，以免受潮结块；某些化学原材料应当避光、防晒；某些金属材料及器材应防锈蚀等。

（七）环境状态的控制

1. 施工作业环境的控制

所谓作业环境条件主要是指：水、电或动力供应、施工照明、安全防护设备、施工场地空间条件和通道以及交通运输和道路条件等。这些条件是否良好，直接影响施工进程以及施工质量。所以，承包单位应认真做好施工作业环境条件方面的有关准备工作，安排和准备妥当，为施工的顺利进行创造必要的条件。

2. 施工质量管理环境的控制

施工质量管理环境主要是指：施工承包单位的质量管理体系和质量控制自检系统是否处于良好的状态；系统的组织结构、管理制度、检测制度、检测标准、人员配备等方面是否完善和明确；质量责任制是否落实，这些是保证作业效果的重要前提。

3. 现场自然环境条件的控制

施工承包单位在未来的施工期间，自然环境条件可能出现对施工作业质量的不利影响时，应事先已有充分的认识并已做好充足的准备和采取了有效措施与对策以保证工程质量。

（八）进场施工机械设备性能及工作状态的控制

保证施工现场作业机械设备的技术性能及工作状态，对施工质量有重要的影响。

因此，只有状态良好，性能满足施工需要的机械设备才允许进入现场作业。

1. 施工机械设备的进场检查

机械设备进场时，承包单位应进场机械设备的型号、规格、数量、技术性能（技术参数）、设备状况等进行检查，合格方可进场。

2. 机械设备工作状态的检查

施工作业中应经常检查机械设备的运行状况，防止"带病"工作。发现问题及时修理，以保持良好的作业状态。

3. 特殊设备安全运行的审核

对于现场使用的塔吊及有特殊安全要求的设备，进入现场后在使用前，必须经当地劳动安全部门鉴定，符合要求并办好相关手续后方投入使用。

（九）施工测量及计量器具性能、精度的控制

1. 试验室

工程项目中，承包单位应建立试验室。如确因条件限制不能建立试验室，则应委托具有相应资质的专业试验室作为试验室。

2. 工地测量仪器的检查

施工测量开始前，承包单位应向项目监理机构提交测量仪器的型号、技术指标、精度等级、法定计量部门的标定证明，测量工的上岗证明，监理工程师审核确认后，方可进行正式测量作业。

（十）施工现场劳动组织及作业人员上岗资格的控制

1. 现场劳动组织的控制

劳动组织涉及从事作业活动的操作者及管理者以及相应的各种制度。

操作人员：从事作业活动的操作者数量必须满足作业活动的需要，相应工种配置能保证作业有序持续进行，不能因人员数量及工种配置不合理而造成停顿。

管理人员到位：作业活动的直接负责人（包括技术负责人），专职质检人员，安全员，与作业活动有关的测量人员、材料员、试验员必须在岗。

相关制度要健全：如管理层及作业层各类人员的岗位职责；作业活动现场的安全、消防规定；作业活动中的环保规定；试验室及现场试验检测的有关规定；紧急情况的应急处理规定等。同时要有相应措施及手段保证制度、规定的落实和执行。

2. 作业人员上岗资格

从事特殊作业的人员（如电焊工、电工、起重工、架子工、爆破工），必须持证上岗。

（十一）质量记录资料的控制

质量资料是施工承包单位进行工程施工或安装期间，实施质量控制活动的记录。

它详细地记录了工程施工阶段质量控制活动的全过程。因此，它不仅在工程施工期间对工程质量的控制有重要作用，而且在工程竣工和投入运行后，对于查询和了解工程建设的质量情况以及工程维修和管理也能提供大量有用的资料和信息。

质量记录资料包括以下三方面内容。

1. 施工现场质量管理检查记录资料

主要包括承包单位现场质量管理制度，质量责任制；主要专业工种操作上岗证书；分包单位资质及总包单位对分包单位的管理制度；施工图审查核对资料。地质勘查资料；施工组织设计、施工方案及审批记录；施工技术标准；工程质量检验制度；混凝土搅拌站计量设置；现场材料、设备存放与管理等。

2. 工程材料质量记录

主要包括进场工程材料、半成品、构配件、设备的质量证明资料；各种试验检验报告；各种合格证；设备进场维修记录或设备进场运行检验记录。

3. 施工过程作业活动质量记录资料

施工或安装过程可按分项、分部、单位工程建立相应的质量记录资料。在相应质量记录资料中应包含有关图纸的图号、设计要求；质量自检资料；监理工程师的验收资料；各工序作业的原始施工记录；检测及试验报告；材料、设备质量资料的编号、存放档案卷号；此外，质量记录资料还应包括不合格项的报告、通知以及处理及检查验收资料等。

施工质量记录资料应真实、齐全、完整，相关各方人员的签字齐备、字迹清楚、结论明确，与施工过程的进展同步。

（十二）成品保护

成品保护一般是指在施工过程中，某些分项工程已经完成，而其他一些分项工程尚在施工；或者是在其分项工程施工过程中，某些部位已完成，而其他部位正在施工；在这种情况下，施工单位必须负责对已完成部分采取妥善措施予以保护，以免因成品缺乏保护或保护不善而造成损伤或污染，影响工程整体质量。

加强成品保护，要从两个方面着手：首先应加强教育，提高全体员工的成品保护意识；其次要合理安排施工顺序，采取有效的保护措施。成品保护有以下措施。

（1）防护。就是针对被保护对象的特点采取各种防护的措施。例如，对清水楼梯踏步，可以采取护棱角铁上下连接固定；对于进出口台阶可垫砖或用方木搭脚手板供人通过的方法来保护台阶；对于门口易碰部位，可以钉上防护条或槽形盖铁保护；门扇安装后可加楔固定等。

（2）包裹。就是将被保护物包裹起来，以防损伤或污染。例如，对镶面大理石柱可用立板包裹捆扎保护；铝合金门窗可用塑料布包扎保护等。

（3）覆盖。就是用表面覆盖的办法防止堵塞或损伤。例如，对地漏、落水口排水管等安装后可加以覆盖，以防止异物落入而被堵塞；预制水磨石或大理石楼梯可用木板覆盖加以保护；地面可用锯末、苫布等覆盖以防止喷浆等污染；其他需要防晒、防冻、保温养护的项目也应采取适当的防护措施。

（4）封闭。就是采取局部封闭的办法进行保护。例如，垃圾道完成后，可将其进口封闭起来，以防止建筑垃圾堵塞通道；房间水泥地面或地面砖完成后，可将该房间局部封闭，防止因人们随意进入而损害地面；房内装修完成后，应加锁封闭，防止因人们随意进入而受到损伤等。

三、竣工验收阶段的质量控制

所谓竣工验收阶段的质量控制是指各分部、分项工程已全部施工完毕后的质量控制。竣工验收是建设投资成果转入生产或使用的标志，是全面考核投资效益、检验设计和施工质量的重要环节。

竣工验收阶段质量控制的主要工作有收尾工作、竣工资料的整理、竣工验收、施工质量缺陷处理。

（一）收尾工作

收尾工作的特点是零星、分散、工程量小、分布面广，如不及时完成将会直接影响项目的验收及投产使用。因此，应编制项目收尾工作计划并限期完成。项目经理和技术员应对竣工收尾计划执行情况进行检查，重要部位要做好记录。

（二）竣工资料的整理

项目经理部在进行工程竣工资料的整理组卷排列时，应达到完整性、准确性、系统性的统一，做到字迹清晰、项目齐全、内容完整。各种资料报表格式一律按各行业、各部门、各地区规定的表格使用。

（三）竣工验收

承包人确认工程竣工、具备竣工验收各项要求，并经监理单位认可签署意见后，向发包人提交《工程验收报告》。发包人收到《工程验收报告》后，应在约定的时间和地点组织有关单位进行竣工验收。

发包人组织勘察、设计、施工、监理等单位按照竣工验收程序，对工程进行核查后，应作出验收结论，并形成《工程竣工验收报告》。参与竣工验收的各方负责人应在竣工验收报告上签字并盖单位公章，以示对工程负责，如发现质量问题便于追查责任。

通过竣工验收程序，办完竣工结算后，承包人应在规定期限内向发包人办理工程移交手续。

第三节　建筑工程项目质量控制的方法

质量统计管理是 20 世纪 30 年代发展起来的科学管理理论与方法，它把数理统计方法应用于生产过程的抽样检验，利用样本质量特性数据的分布规律，分析和推断生产过程总体质量的状况，改变了传统的事后把关的质量控制方式，为工业生产的事前质量控制和过程质量控制提供了有效的科学手段。

建筑业虽然是现场型的单件型建筑产品生产，数理统计方法直接在现场生产过程工序质量检验中的应用，受到客观条件的限制，但在进场材料的抽样检验、试块试件的检测试验等方面，仍然有广泛的用途。建筑工程上常用的统计方法有分层法、排列图法、因果分析图法、直方图法、控制图法、相关图法、统计调查表法和新质量控制方法。

一、分层法

（一）分层法原理

由于工程质量形成的影响因素多，因此，对工程质量状况的调查和质量问题的分析必须分门别类地进行，以便准确有效地找出问题及其原因，这就是分层法的基本思想。

（二）分层法应用

钢筋焊接质量的调查分析，共检查了 50 个焊接点，其中不合格 19 个，不合格率为 38%，存在严重的质量问题，试用分层法分析质量问题的原因。

现已查明这批钢筋的焊接是由 A、B、C 三个师傅操作的，而焊条是由甲、乙两个厂家提供的，因此，分别按操作者和焊条生产厂家进行分层分析，即考虑一种因素单独的影响。

操作者 B 的质量较好，不合格率 25%；而不论是采用甲厂还是乙厂的焊条，不合格率都很高且相差不大。为了找出问题所在，再进一步采用综合分层进行分析，即考虑两种因素共同作用的结果。

由综合分层法分析可知，在使用甲厂的焊条时，应采用 B 师傅的操作方法；在使用乙厂的焊条时，应采用 A 师傅的操作方法，这样会使合格率大大地提高。

二、排列图法

（一）排列图法原理

在质量管理过程中，通过抽样检查或检验试验所查到的质量问题、偏差、缺陷、不合格等统计数据以及造成质量问题的原因分析统计数据，均可采用排列图方法进行状况描述，它具有直观、主次分明的特点。

排列图法又称巴氏图法或巴雷特图法，也叫主次因素分析图法。它是根据意大利经济学家帕累托（Pareto）提出的"关键的少数和次要的多数"原理，由美国质量管理专家约瑟夫·M·朱兰（Joseph M.Juran）将其应用于质量管理而发明的一种质量管理图形。其作用是寻找主要质量问题或影响质量的主要原因，以便抓住提高质量的关键，取得更好的效果。

（二）排列图法应用

做排列图需要以准确而可靠的数据为基础，一般按以下步骤进行。

按照影响质量的因素进行分类。分类项目要具体而明确，一般依产品品种、规格、不良品、缺陷内容或经济损失等情况而定。

统计计算各类影响质量因素的频数和频率。

画左右两条纵坐标，确定两条纵坐标的刻度和比例。左侧的纵坐标是频数或件数，右侧的纵坐标是累计频率，横轴则是项目（或影响因素）。

根据各类影响因素出现的频数大小，从左到右依次排列在横坐标上。各类影响因素的横向间隔距离要相同，并画出相应的矩形图。

将各类影响因素发生的频率和累计频率逐个标注在相应的坐标点上，并将各点连成一条折线。

在排列图的适当位置，注明统计数据的日期、地点、统计者等可供参考的事项。

对排列图进行分析。根据累计频率把影响因素分成三类：A 类因素，对应于累计频率 0 ~ 80%，是影响产品质量的主要因素；B 类因素，对应于累计频率 80% ~ 90%，为次要因素；C 类因素，对应于累计频率 90% ~ 100%，为一般因素。如果 A 类因素只有一两个项目，说明已找出主要原因，应针对这些因素制定改进措施。如果 A 类因素有很多个项目，说明分类标志有问题，没找出主要原因，应重新确定标志进行分类排列，直到找出主要原因。

在采取了系列措施后，可能出现如下几种情况：①各种问题都减少，措施有效；②顺序不变，问题没解决，措施无效；③有两个问题同时解决，这两个因素相关；④顺序改变、水平不变、生产过程有问题，生产工艺不稳定。

在应用排列图法时应注意：做好因素分类，主要因素不能过多，数据要充足并且适当合并一般因素。

三、因果分析图法

因果分析图，按其形状又可称为树枝图、鱼刺图，也叫特性要因图。所谓特性，就是施工中出现的质量问题。所谓要因，也就是对质量问题有影响的因素或原因。

（一）因果分析图法原理

因果分析图是一种逐步深入研究和讨论质量问题的图示方法。在工程实践中，一种质量问题的产生，往往是多种原因造成的。这些原因有大有小，把这些原因依照大小顺序分别用主干、大枝、中枝和小枝图形表示出来，便可一目了然地、系统地观察出产生质量问题的原因。运用因果分析图可以帮助我们制定对策，解决工程质量上存在的问题，从而达到控制质量的目的。

（二）因果分析图法应用

因果分析图的绘制方法如下。

先确定要分析的某个质量问题（结果），然后由左向右画出干线，并以箭头指向所要分析的质量问题（结果）。

座谈讨论、集思广益、罗列影响该质量问题的原因。谈论时要请各方面的有关人员一起参加。把谈论中提出的原因，按照人、机、料、法、环五大要素进行分类，然后分别填入因果分析图的大原因的线条里，再按照顺序把中原因、小原因及更小原因同样填入因果分析图内。

从整个因果分析图中寻找最主要的原因，并根据重要程度以顺序①，②，③……表示。

画出因果分析图并确定主要原因后，必要时可到现场做实地调查，进一步明确主要原因的项目，以便采取相应措施予以解决。

四、直方图法

（一）直方图法原理

产品在生产过程中，质量状况总是会有波动的。波动的原因，一般有人的因素、材料的因素、工艺的因素、设备的因素和环境的因素。

为了解上述各种因素对产品质量的影响情况，在现场随机地实测一批产品的有关数据，将实测得来的这批数据进行分组整理，统计每组数据出现的频数。然后，在直角坐标的横坐标轴上自小至大标出各分组点，在纵坐标轴上标出对应的频数，画出高度值为其频数值的一系列长方形，即成为频数分布直方图。直方图由一个纵坐标、一个横坐标和若干个长方形组成。横坐标为质量特性，纵坐标是频数时，直方图为频数直方图；纵坐标是频率时，直方图为频率直方图。

（二）直方图法应用

频数分布直方图通过对数据的加工、整理、绘图，掌握数据的分布状况，从而判断加工能力、加工质量，估计产品的不合格率。频数分布直方图又是控制图产生的直接理论基础。

在频数分布直方图中，横坐标表示质量特性值，本例中为混凝土强度，并标出各组的组限值。可画出以组距为底，以频数为高的 k 个长方形，便得到混凝土强度的频数分布直方图。

（三）直方图法的观察分析

1. 直方图分布形状观察分析

所谓分布形状观察分析是指将绘制好的直方图形状与正态分布形状进行比较分析，一看形状是否相似，二看分布区间的宽窄。直方图的分布形状及分布区间宽窄是由质量特性统计数据的平均值和标准差所决定的。

正常状态下的直方图应是中间高、两侧低，接近对称。正常直方图反映生产过程质量处于正常、稳定状态。数理统计研究证明，当随机抽样方案合理且样本数量足够大时，生产能力处于正常、稳定状态，质量特性检测数据趋于正态分布。

异常直方图呈偏态分布。常见的异常直方图有折齿型、缓坡型、孤岛型、双峰型、峭壁型，出现异常的原因可能是生产过程存在影响质量的系统因素或收集整理数据制作直方图的方法不当，要具体分析。

2. 直方图位置观察分析

所谓位置观察分析是指将直方图的分布位置与质量控制标准的上下限范围进行比较分析。

图 4-1（a）所示生产过程的质量正常、稳定和受控，还必须在公差标准上、下界限范围内达到质量合格的要求。只有这样的正常、稳定和受控，才是经济、合理的受控状态。

图 4-1（b）所示质量特性数据分布偏下限，易出现不合格，在管理上必须提高总体能力。

图 4-1（c）所示质量特性数据的分布充满上、下限，质量能力处于临界状态，易出现不合格，必须分析原因，采取措施整改。

图 4-1（d）中质量特性数据的分布居中且边界与上、下限有较大的距离，说明质量能力偏大、不经济。

图 4-1（e），（f）中均已出现超出上、下限的数据，说明生产过程存在质量不合格，需要分析原因，采取措施进行纠偏。

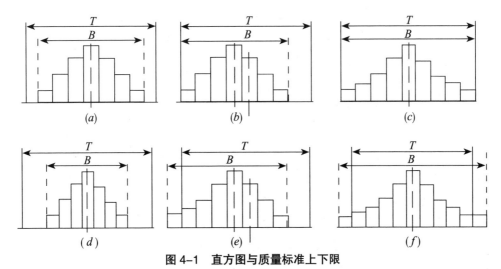

图 4-1　直方图与质量标准上下限

T 为质量控制标准范围；B 为质量特性数据分布范围

五、控制图法

质量管理中的项目质量控制方法有静态分析方法和动态分析方法两大类，前述方法（排列图法、直方图法）属静态分析法，然而项目都在动态的生产过程中形成，因此，在质量管理中还必须有动态分析法。控制图法属动态分析法。"质量始于控制图，也终于控制图"。控制图也称管理图，它是质量管理中的重要方法，作监测控制工序之用。采用此方法，可随时了解生产过程中质量的变化情况，判断生产过程和工序质量是否存在质量问题，以便及时采取措施，使生产处于稳定状态。

（一）控制图法原理

控制图是用来分析和判断工序是否处于稳定状态并带有控制界限的一种有效的图形工具。它通过监视生产过程中质量波动情况，判断并发现工艺过程中的异常因素，具有稳定生产、保证质量、积极预防的作用。控制图是在 20 世纪 20 年代，由美国质量专家休哈特首创的。

经过半个多世纪的发展和完善，控制图已经成为大批量生产中工序控制的主要方法。

（二）控制图法应用

控制图是用样本数据来分析判断生产过程是否处于稳定状态的有效工具。它的用途主要有两个。

过程分析，即分析生产过程是否稳定。为此，应随机连续收集数据，绘制控制图，观察数据点分布情况并判定生产过程状态。

过程控制，即控制生产过程质量状态。为此，要定时抽样取得数据，将其变为点描在图上，发现并及时消除生产过程中的失调现象，防止不合格品的产生。

控制图分计量值控制图和计数值控制图两大类。

计量值控制图适用于质量管理中的计量数据，如长度、强度、质量、温度等，一般有单值控制图、平均值和极差控制图、中位数和极差控制图、单值－移动极差控制图。计数值控制图则适用于计数值数据，如不合格的点数、件数等，可分为计件值控制图（包括 NP 图（即不良品数控制图）和 P 图（即不良品率控制图））、计点值控制图（包括 c 图（即样品缺陷控制图）和 μ 图（即单元产品缺陷控制图)）。

控制图的基本形式如图 4-2 所示。横坐标为样本（子样）序号或抽样时间，纵坐标为被控制对象，即被控制的质量特性值。控制图上一般有三条线：在上面的一条虚线称为上控制界限，用符号 UCL 表示；在下面的一条虚线称为下控制界限，用符号 LCL 表示；中间的一条实线称为中心线，用符号 CL 表示。中心线标志着质量特性值分布的中心位置，上下控制界限标志着质量特性值允许波动的范围。

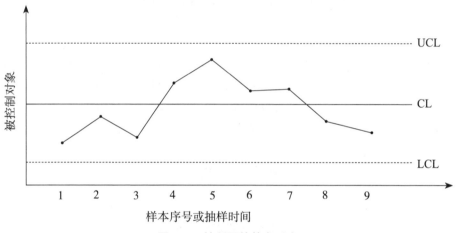

图 4-2　控制图的基本形式

在生产过程中通过抽样取得数据，把样本统计量描在图上来分析判断生产过程状态。如果点随机地落在上、下控制界限内，则表明生产过程正常且处于稳定状态，不会产生不合格品；如果点超出控制界限，或点排列有缺陷，则表明生产条件发生了异常变化，生产过程处于失控状态。

如图 4-3 所示，控制图就是利用上下控制界限，将产品质量特性控制在正常质量波动范围之内。一旦有异常原因引起质量波动，通过管理图就可看出，并能及时采取措施预防不合格品的产生。

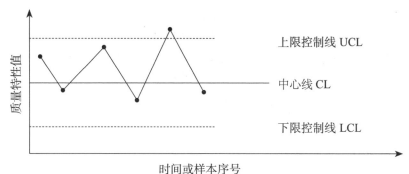

图 4-3　控制界限示意图

六、散布图法

散布图是分析研究两个变量之间相关关系的图形。图中以纵轴表示结果，横轴表示原因，用点表示分布形态，根据分布形态判断两者之间的相互关系。因此，散布图也称为相关图。如图 4-4 为淬火温度和钢的硬度关系散布图。从图中可以看出，二者存在着强相关关系，即随着淬火稳定的升高，钢的硬度也随之提高。散布图一般有 6 种形态：强正相关，强负相关，弱正相关，弱负相关，不相关，曲线相关。

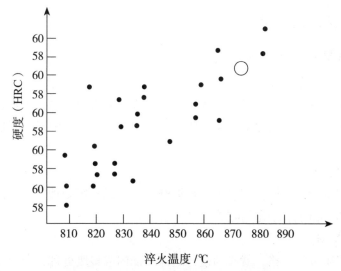

图 4-4　淬火温度和钢的硬度关系散布图

七、统计调查表

统计调查表法又称统计调查分析法，它是利用专门设计的统计表对质量数据进行收集、整理和粗略分析质量状态的一种方法。

在质量控制活动中，利用统计调查表收集数据，简便灵活，便于整理，实用有效。它没有固定格式，可根据需要和具体情况，设计出不同统计调查表。常用的有：①分项工程作业质量分布调查表；②不合格项目调查表；③不合格原因调查表；④施工质量检查评定用调查表等。应当指出的是，统计调查表往往同分层法结合起来应用，可以更好、更快地找出问题的原因，以便采取改进的措施。

又称检查表、核对表、统计分析表，它是用来记录、收集和累计数据并对数据进行整理和粗略分析。

八、新质量控制方法

新质量控制是 20 世纪 70 年代日本专家总结出来的，它是运用运筹学原理，通过广泛调查研究进行分类和整理的方法。

新质量控制的七种方法为系统图法、KJ 图法、关联图法、矩阵图法、矩阵数据解析法、PDPC 法、箭头图法。

第四节　建筑工程项目质量事故的处理与质量改进

一、质量事故概述

（一）质量事故的相关概念

1. 质量不合格

根据我国质量管理体系标准的规定，凡工程产品没有满足某个规定的要求，就称之为质量不合格；而没有满足某个预期使用要求或合理的期望（包括安全性方面）要求，称为质量缺陷。

2. 质量问题

凡是工程质量不合格，就必须进行返修、加固或报废处理，由此造成直接经济损失低于 5 000 元的称为质量问题。

3. 质量事故

凡是工程质量不合格，就必须进行返修、加固或报废处理，由此造成直接经济损失在 5 000 元（含 5 000 元）以上的称为质量事故。

（二）质量事故的分类

由于工程质量事故具有复杂性、严重性、可变性和多发性，所以建设工程质量事故的分类有多种方法，但一般可按以下条件进行分类。

1. 按事故造成损失严重程度划分

一般质量事故，指经济损失在 5 000 元（含 5 000 元）以上，不满 5 万元的；或影响使用功能或工程结构安全，造成永久质量缺陷的。

严重质量事故，指直接经济损失在 5 万元（含 5 万元）以上，不满 10 万元的；或严重影响使用功能或工程结构安全，存在重大质量隐患的；或事故性质恶劣或造成 2 人以下重伤的。

重大质量事故，指工程倒塌或报废；或由于质量事故，造成人员死亡或重伤 3 人以上；或直接经济损失 10 万元以上。

特别重大事故，凡具备国务院发布的《特别重大事故调查程序暂行规定》所列发生一次死亡 30 人及其以上，或直接经济损失达 500 万元及其以上，或其他性质特别严重的情况之一均属特别重大事故。

2. 按事故责任分类

指导责任事故，指由于工程实施指导或领导失误而造成的质量事故。如由于工程负责人片面追求施工进度，放松或不按质量标准进行控制和检验，降低施工质量标准等。

操作责任事故，指在施工过程中，由于实施操作者不按规程和标准实施操作，而造成的质量事故。如浇筑混凝土时随意加水，或振捣疏漏造成混凝土质量事故等。

3. 按质量事故产生的原因分类

技术原因引发的质量事故，是指在工程项目实施中由于设计、施工在技术上的失误而造成的质量事故。例如结构设计计算错误，地质情况估计错误，采用了不适宜的施工方法或施工工艺等。

管理原因引发的质量事故，指管理上的不完善或失误引发的质量事故。例如，施工单位或监理单位的质量体系不完善，检验制度不严密，质量控制不严格，质量管理措施落实不力，检测仪器设备管理不善而失准，材料检验不严等原因引起的质量事故。

经济原因引发的质量事故，是指由于经济因素及社会上存在的弊端和不正之风引起建设中的错误行为，而导致出现质量事故。例如，某些施工企业盲目追求利润而不顾工程质量；在投标报价中随意压低标价，中标后则依靠违法的手段或修改方案追加工程款，或偷工减料等。这些因素往往会导致出现重大工程质量事故，必须予以重视。

（三）质量事故的处理程序

1. 事故调查

事故发生后，施工项目负责人应按规定的时间和程序，及时向企业报告事故的状况，积极组织事故调查。事故调查应力求及时、客观、全面，以便为事故的分析与处理提供正确的依据。调查结果，要整理撰写成事故调查报告，其主要内容包括：

工程概况；事故情况；事故发生后所采取的临时防护措施；事故调查中的有关数据、资料；事故原因分析与初步判断；事故处理的建议方案与措施；事故涉及人员与主要责任者的情况等。

2. 事故原因分析

事故的原因分析要建立在事故情况调查的基础上，避免情况不明就主观推断事故的原因。特别是对涉及勘察、设计、施工、材料和管理等方面的质量事故，往往事故的原因错综复杂，因此，必须对调查所得到的数据、资料进行仔细地分析，去伪存真，找出造成事故的主要原因。

3. 制定事故处理方案

事故的处理要建立在原因分析的基础上，并广泛地听取专家及有关方面的意见，经科学论证，决定事故是否进行处理和怎样处理。在制定事故处理方案时，应做到安全可靠，技术可行，不留隐患，经济合理，具有可操作性，满足建筑功能和使用要求。

4. 事故处理

根据制定的质量事故处理方案，对质量事故进行认真的处理。处理的内容主要包括：事故的技术处理，以解决施工质量不合格和缺陷问题；事故的责任处罚，根据事故的性质、损失大小、情节轻重对事故的责任单位和责任人做出相应的行政处分直至追究刑事责任。

5. 事故处理的鉴定验收

质量事故的处理是否达到预期的目的，是否依然存在隐患，应当通过检查鉴定和验收做出确认。事故处理的质量检查鉴定，应严格按施工验收规范和相关的质量标准的规定进行，必要时还应通过实际量测、试验和仪器检测等方法获取必要的数据，以便准确地对事故处理的结果作出鉴定。事故处理后，必须尽快提交完整的事故处理报告，其内容包括：事故调查的原始资料、测试的数据；事故原因分析、论证；事故处理的依据；事故处理的方案及技术措施；实施质量处理中有关的数据、记录、资料；检查验收记录；事故处理的结论等。

（四）质量事故的处理方法

1. 修补处理

当工程的某些部分的质量虽未达到规定的规范、标准或设计的要求，存在一定的缺陷，但经过修补后可以达到要求的质量标准，又不影响使用功能或外观要求，可采取修补处理的方法。例如，某些混凝土结构表面出现蜂窝、麻面，经调查分析，该部位经修补处理后，不会影响其使用及外观；对混凝土结构局部出现的损伤，如结构受撞击、局部未振实、冻害、火灾、酸类腐蚀、碱骨料反应等，当这些损伤仅仅在结构的表面或局部，不影响其使用和外观，可进行修补处理。再比如当混凝土结构出现裂缝，经分析研究后如果不影响结构的安全和使用，也可采取修补处理。例如，当裂缝宽度不大于 0.2 mm 时，可采用表面密封法；当裂缝宽度大于 0.3 mm 时，采用嵌缝密闭法；当裂缝较深时，则应采取灌浆修补的方法。

2. 加固处理

主要是针对危及承载力的质量缺陷的处理。通过对缺陷的加固处理，使建筑结构恢复或提高承载力，重新满足结构安全性、可靠性的要求，使结构能继续使用或改作其他用途。例如，对混凝土结构常用的加固方法主要有增大截面加固法、外包角钢加固法、粘钢加固法、增设支点加固法、增设剪力墙加固法、预应力加固法等。

3. 返工处理

当工程质量缺陷经过修补处理后仍不能满足规定的质量标准要求，或不具备补救可能性，则必须采取返工处理。例如，某防洪堤坝填筑压实后，其压实土的干密度未达到规定值，经核算将影响土体的稳定且不满足抗渗能力的要求，须挖除不合格土，重新填筑，进行返工处理；某公路桥梁工程预应力按规定张拉系数为 1.3，而实际仅为 0.8，属严重的质量缺陷，也无法修补，只能返工处理；再比如某工厂设备基础的混凝土浇筑时掺入木质素磺酸钙减水剂，因施工管理不善，掺量多于规定 7 倍，导致混凝土坍落度大于 180 mm，石子下沉，混凝土结构不均匀，浇筑后 5 天仍然不凝固硬化，28 天的混凝土实际强度不到规定强度的 32%，不得不返工重浇。

4. 限制使用

当工程质量缺陷按修补方法处理后无法保证达到规定的使用要求和安全要求，而又无法返工处理，不得已时可作出诸如结构卸荷或减荷以及限制使用的决定。

5. 不做处理

某些工程质量问题虽然达不到规定的要求或标准，但其情况不严重，对工程或结构的使用及安全影响很小，经过分析、论证、法定检测单位鉴定和设计单位等认可后可不专门做处理。一般可不做专门处理的情况有以下几种。

一是不影响结构安全、生产工艺和使用要求的。如有的工业建筑物出现放线定位的偏差，且严重超过规范标准规定，若要纠正会造成重大经济损失，但经过分析、论证其偏差不影响生产工艺和正常使用，在外观上也无明显影响，可不做处理。又如某些部位的混凝土表面的裂缝，经检查分析属于表面养护不够的干缩微裂，不影响使用和外观，也可不做处理。

二是后道工序可以弥补的质量缺陷的。如混凝土结构表面的轻微麻面，可通过后续的抹灰、刮涂、喷涂等弥补，也可不做处理。再如混凝土现浇楼面的平整度偏差达到 10 mm，但由于后续垫层和面层的施工可以弥补，所以也可不做处理。

三是法定检测单位鉴定合格的。如某检验批混凝土试块强度值不满足规范要求，强度不足，但经法定检测单位对混凝土实体强度进行实际检测后，其实际强度达到规范允许和设计要求值时，可不做处理。对经检测未达到要求值，但相差不多，经分析论证，只要使用前经再次检测达到设计强度，也可不做处理，但应严格控制施工荷载。

四是出现的质量缺陷，经检测鉴定达不到设计要求，但经原设计单位核算，仍能满足结构安全和使用功能的。如某一结构构件截面尺寸不足，或材料强度不足，影响结构承载力，但按实际情况进行复核验算后仍能满足设计要求的承载力时，可不进行专门处理。这种做法实际上是挖掘设计潜力或降低设计的安全系数，应谨慎处理。

6. 报废处理

出现质量事故的工程，通过分析或实践，采取上述处理方法后仍不能满足规定的质量要求或标准，则必须予以报废处理。

二、建筑工程项目质量改进

施工项目应利用质量方针、质量目标定期分析和评价项目管理状况，识别质量持续改进区域，确定改进目标，实施选定的解决办法，改进质量管理体系的有效性。项目质量持续改进的范围包括质量体系、过程和产品三个方面，改进的内容涉及产品质量、日常的工作和企业长远的目标，不仅不合格现象必须纠正、改进，目前合格但不符合发展需要的也要不断改进。

（一）项目质量改进的步骤

分析和评价现状，以识别改进的区域；确定改进目标；寻找可能的解决办法以实现这些目标；评价这些解决办法并作出选择；实施选定的解决办法；测量、验证、分析和评价实施的结果以确定这些目标已经实现；正式采纳更正（即形成正式的规定）；必要时，对结果进行评审，以确定进一步改进的机会。

（二）项目质量改进的方法

在管理评审中评价改进效果，确定新的改进目标和改进的决定。通过建立和实施质量目标，营造一个激励改进的氛围和环境。确立质量目标以明确改进方向。通过数据分析、内部审核，不断寻求改进的机会，并作出适当的改进活动安排。通过纠正和预防措施及其他适用的措施实现改进。

（三）项目质量改进措施

1. 质量预防措施

项目经理部应定期召开质量分析会，对影响工程质量的潜在原因，采取预防措施。对可能出现的不合格项目，应制定防止再发生的措施并组织实施。对质量通病应采取预防措施。对潜在的严重不合格项目，应实施预防措施控制程序。项目经理部应定期评价预防措施的有效性。

2. 质量纠正措施

对发包人或监理工程师、设计人员、质量监督部门提出的质量问题，应分析原因，制定纠正措施。对已发生或潜在的不合格信息，应分析并记录结果。对检查发现的工程质量问题或不合格报告提及的问题，应由项目技术负责人组织有关人员判定不合格程度，制定纠正措施。对严重不合格或重大质量事故，必须实施纠正措施。实施纠正措施的结果应由项目技术负责人验证并记录；对严重不合格或等级质量事故的纠正措施和实施效果应验证，并应报企业管理层。项目经理部或责任单位应定期评价纠正措施的有效性。

第五节　质量管理体系标准

一、质量管理的原则

八项质量管理原则是质量管理实践经验和理论的总结，尤其是 ISO 9000 族标准实施的经验和理论研究的总结。

（1）原则一：以顾客为关注焦点。

组织依存于顾客，因此，组织应当理解顾客当前和未来的需求，满足顾客要求并争取超越顾客期望。

（2）原则二：领导作用。

领导者应确保组织的目的与方向的一致。他们应当创造并保持良好的内部环境，使员工能充分参与实现组织目标的活动。

（3）原则三：全员参与的原则。

各级人员都是组织之本，唯有其充分参与，才能为组织的利益发挥其才干。

（4）原则四：过程方法。

将活动和相关的资源作为过程进行管理，可以更高效地得到期望的结果。

（5）原则五：管理的系统方法。

将相互关联的过程作为体系来看待、理解和管理，有助于组织提高实现目标的有效性和效率。

（6）原则六：持续改进。

持续改进整体业绩是组织的一个永恒的目标。

（7）原则七：基于事实的决策方法。

有效的决策应建立在数据和信息分析的基础上。

（8）原则八：与供方互利的关系。

组织与供方建立相互依存的、互利的关系可增强双方创造价值的能力。

二、质量管理体系文件的构成

编制和使用质量管理体系文件本身是一项具有动态管理要求的活动。因为质量体系的建立、健全要从编制、完善体系文件开始，质量体系的运行、审核与改进都依据文件的规定进行，质量管理实施的结果也要形成文件，作为证实产品质量符合规定要求及质量体系有效的证据。质量管理体系的文件主要由质量手册、程序文件、质量计划和质量记录等构成。

（一）质量手册

质量手册是阐明一个企业的质量政策、质量体系和质量实践的文件，是实施和保持质量体系过程中长期遵循的纲领性文件。质量手册的主要内容包括：企业的质量方针、质量目标；组织机构和质量职责；各项质量活动的基本控制程序或体系要素；质量评审、修改和控制管理办法。

（二）程序文件

程序文件是质量手册的支持性文件，是企业落实质量管理工作而建立的各项管理标准、规章制度，是企业各职能部门为贯彻落实质量手册要求而规定的实施细则。程序文件一般至少应包括文件控制程序、质量记录管理程序、不合格品控制程序、内部审核程序、预防措施控制程序、纠正措施控制程序等。

（三）质量计划

质量计划是为了确保过程的有效运行和控制，在程序文件的指导下，针对特定的产品、过程、合同或项目而制定出的专门质量措施和活动顺序的文件。质量计划的内容包括：应达到的质量目标；该项目各阶段的责任和权限；应采用的特定程序、方法、作业指导书；有关阶段的实验、检验和审核大纲；随项目的进展而修改和完善质量计划的方法；为达到质量目标必须采取的其他措施。

（四）质量记录

质量记录是产品质量水平和质量体系中各项质量活动进行及结果的客观反映，是证明各阶段产品质量达到要求和质量体系运行有效的证据。

三、质量管理体系的建立与运行

质量管理体系是建立质量方针和质量目标并实现这些目标的体系。建立完善的质量体系并使之有效的运行，是企业质量管理的核心，也是贯彻质量管理和质量保证标准的关键。质量管理体系的建立和运行一般可分为三个阶段，即质量管理体系的建立、质量管理体系文件的编制和质量管理体系的实施运行。

（一）质量管理体系的建立

质量管理体系的建立是企业根据质量管理八项原则，在确定市场及顾客需求的前提下，制定企业的质量方针、质量目标、质量手册、程序文件和质量记录等体系文件，并将质量目标落实到相关层次、相关岗位的职能和职责中，形成企业质量管理体系执行系统的一系列工作。

（二）质量体系文件编制

质量体系文件编制是质量管理体系的重要组成部分，也是企业进行质量管理和质量保证的基础。编制质量体系文件是建立和保持体系有效运行的重要基础工作。编制的质量体系文件包括：质量手册、质量计划、质量体系程序、详细作业文件和质量记录。

（三）质量体系的运行

质量体系的运行是在生产及服务的全过程按质量管理文件体系制定的程序、标准、工作要求及目标分解的岗位职责进行操作运行。

四、质量管理体系的认证与监督

（一）质量管理体系认证的程序

由具有公正的第三方认证机构，依据质量管理体系的要求标准，审核企业质量管理体系要求的符合性和实施的有效性，进行独立、客观、科学、公正地评价，得出结论。认证应按申请、审核、审批与注册发证等程序进行。

（二）获准认证后的监督管理

企业获准认证的有效期为三年。企业获准认证后，应经常性地进行内部审核，保持质量管理体系的有效性，并每年一次接受认证机构对企业质量管理体系实施的监督管理。获准认证后监督管理工作的主要内容有企业通报、监督检查、认证注销、认证暂停、认证撤销、复评及重新换证等。

第五章 建筑工程项目进度计划的编制简述

施工进度计划按编制对象的不同可分为施工总进度计划、单位工程进度计划、分段（或专项工程）工程进度计划、分部分项工程进度计划四种。由于各类施工进度计划针对的目标不同，编制的依据不同，服务对象、目的各异，为更好地完成进度计划的控制，达到建筑工程项目管理的预期目标，有必要对其编制要点、重点进行分析落实。主要包括以下几点。

1.分清关注对象，确定编制责任人

施工总进度计划是以一个建设项目或一个建筑群体为编制对象，用以指导整个建设项目或建筑群体施工全过程进度控制的指导性文件。它按照总体施工部署确定了每个单项工程、单位工程在整个项目施工组织中所处的地位，也是安排各类资源计划的主要依据和控制性文件。施工总进度计划由于施工的内容较多，施工工期较长，故其计划项目综合性强，较多控制性，很少作业性。

施工总进度计划一般在总承包企业的总工程师领导下进行编制。

单位工程进度计划是以一个单位工程为编制对象，在项目总进度计划控制目标的原则下，用以指导单位工程施工全过程进度控制的指导性文件。由于它所包含的施工内容比较具体明确，施工期较短，故其作业性较强，是进度控制的直接依据。本计划在单位工程开工前由项目经理组织，在项目技术负责人领导下进行编制。

分阶段工程或专项工程进度计划是以阶段工程目标或专项工程为编制对象，用以指导其施工阶段或专项工程实施过程的进度控制文件。分部分项工程进度计划是以分部分项工程为编制对象，用以具体实施操作其施工过程进度控制的专业性文件。由于二者编制对象为阶段性工程目标或分部分项细部目标，目的是把进度控制进一步具体化、可操作化，是专业工程具体安排控制的体现。

此类计划由于比较简单、具体，通常由专业工程师或负责分部分项的工长进行编制。

2.合理施工程序和顺序安排的原则

施工进度计划是施工现场各项施工活动在时间、空间上前后顺序的体现。施工程序和施工顺序随着施工规模、性质、设计要求、施工条件和使用功能的不同而变化，但仍有可供遵循的共同规律，在施工进度计划编制过程中，需注意如下基本原则。

（1）安排施工程序的同时，首先安排其相应的准备工作。

（2）首先进行全场性工程的施工，然后按照工程排队的顺序，逐个地进行单位工程的施工。

（3）三通工程应先场外后场内，由远而近，先主干后分支，排水工程要先下游后上游。

（4）先地下后地上和先深后浅的原则。

（5）主体结构施工在前，装饰工程施工在后，随着建筑产品生产工厂化程度的提高，它们之间的先后时间间隔的长短也将发生变化。

（6）既要考虑施工组织要求的空间顺序，又要考虑施工工艺要求的工种顺序；必须在满足施工工艺的要求条件下，使相邻两个工种在时间上合理地和最大限度地搭接起来。

3. 施工进度计划的编制依据

（1）施工总进度计划的编制依据包括：

①工程项目承包合同及招标投标书；②工程项目全部设计施工图纸及变更洽商；③工程项目所在地区位置的自然条件和技术经济条件；④工程项目设计概算和预算资料、劳动定额及机械台班定额等；⑤工程项目拟采用的施工方案及措施、施工顺序、流水段划分等；⑥工程项目需用的主要资源（劳动力、机具设备、物资供应）；⑦建设方及上级主管部门对施工的要求；⑧现行有效规范、规程和技术经济指标等有关技术规定。

（2）单位工程进度计划的编制依据包括：

①主管部门的批示文件及建设单位的要求；②施工图纸及设计单位对施工的要求；③施工企业年度计划对该工程的安排和规定的有关指标；④施工组织总设计或大纲对该工程的有关部门规定和安排；⑤资源配备情况。如：施工中需要的劳动力、施工机具和设备、材料、预制构件和加工晶的供应能力及来源情况；⑥建设单位可能提供的条件和水电供应情况；⑦施工现场条件和勘察资料；⑧预算文件和国家及地方规范等资料。

4. 施工进度计划的内容

施工总进度计划的内容应包括：编制说明，施工总进度计划表（图），分期（分批）实施工程的开、竣工日期及工期一览表，资源需要量及供应等。

施工总进度计划表（图）为最主要内容，用来安排各单项工程和单位工程的计划开竣工日期、工期、搭接关系及其实施步骤。

资源需要量及供应平衡表包括劳动力、材料、预制构件和施工机械等资源的计划。

编制说明的内容包括：编制的依据，假设条件，指标说明，实施重点和难点，风险估计及应对措施等。

工程建设概况：拟建工程的建设单位，工程名称、性质、用途、工程投资额，开竣工日期，施工合同要求，主管部门和有关部门的文件和要求以及组织施工的指导思想等。

工程施工情况：拟建工程的建筑面积、层数、层高、总高、总宽、总长、平面形状和平面组合情况，基础、结构类型，室内外装修情况等。

单位工程进度计划，分阶段进度计划，单位工程准备工作计划，劳动力需用量计划，主要材料、设备及加工计划，主要施工机械和机具需要量计划，主要施工方案及流水段划分，各项经济技术指标要求等。

5. 施工进度计划的编制步骤

（1）施工总进度计划的编制步骤如下：

①首先根据项目总体先后顺序，明确划分建设工程项目的施工阶段；按照施工部署要求，合理确定各阶段各个单项工程的开、竣工日期；②分解单项工程，列出每个单项工程的单位工程和每个单位工程的分部工程；③计算每个单项工程、单位工程和分部工程的工程量；④确定单项工程、单位工程和分部工程的持续时间；⑤编制初始施工总进度计划；为了使施工总进度计划清楚明了，可分级编制；⑥进行综合平衡后，绘制正式施工总进度计划图。

（2）单位工程进度计划的编制步骤如下：

（1）收集编制依据；②划分施工过程、施工段和施工层；③确定施工顺序；④计算工程量；⑤计算劳动量或机械台班需用量，确定持续时间；⑥绘制初始施工总进度计划图，优化成正式施工进度计划图。

6. 施工进度计划图的表达形式

施工总进度计划图可采用网络图或横道图表示，并附上必要说明。由于网络图或横道图各有优缺点，我国现在已经逐渐由横道图过渡到网络计划。

单位工程施工进度计划一般工程采用横道图即可，对于复杂的单位工程亦可采用网络图表示，还可通过对各类参数计算找出关键线路，选择最优方案，达到降本增效的目的。

分阶段工程或专项工程进度计划一般采用横道图表示，绘制简单、形象直观、使用起来灵活方便，适宜操作层使用。

建筑工程项目物资供应是指工程项目建设中所需各种材料、构配件、制品、各类施工机具和施工生产中使用的国内制造的大型设备、金属结构，以及国外引进的成套设备或单机设备等的供给。

一、建筑工程项目物资供应进度控制的概念

物资供应进度控制是物资管理的主要内容之一项目物资供应进度控制是在一定的资源（人力、物力、财力）条件下，在实现工程项目一次性特定目标的过程中对物资的需求进行的计划、组织、协调和控制。其中，计划是把工程建设所需的物资供给纳入计划，进行预测、预控，使供给有序地进行；组织是划清供给过程诸方的责任、权利和利益，通过一定的形式和制度，建立高效率的组织保证体系，确保物资供应计划的顺利实施；协调主要是针对供应的不同阶段、所涉及的不同单位和部门所进行的沟通和协调，使物资供应的整个过程均衡而有节奏地进行；控制是对物资供应过程的动态管理，使物资供应计划的实施始终处在动态的循环控制过程中，经常定期地将实际供应情况与计划进行对比，发现问题并及时进行调整，确保工程项目所需的物资按时供给，最终实现供应目标。

根据工程项目的特点，在物资供应进度控制中应注意以下几个问题。

（1）规划项目的特殊性和复杂性，使物资的供应存在一定的风险，因此要求编制周密的计划并采用科学的管理方法。

（2）由于工程项目具有局部的系统性和状态的局部性，因此要求对物资的供应建立保证体系，并处理好物资供应与投资、质量、进度之间的关系。

（3）材料的供应涉及众多不同的单位和部门，因而材料管理工作具有一定的复杂性，这就要求与有关的供应部门认真签订合同，明确供求双方的权利与义务，并加强各单位、各部门之间的协调。

二、建筑工程项目物资供应的特点

建筑工程项目在施工期间必须按计划逐步供应所需物资。建筑工程项目的特点是物资供应的数量大、品种多，材料和设备费用占整个工程的比例大，物资消耗不均匀，受内部和外部条件影响大以及物资供应市场情况复杂多变等。

三、建筑工程项目物资供应进度的目标

项目物资供应是一个复杂的系统过程，为了确保这个系统过程的顺利实施，必须首先确定这个系统的目标（包括系统的分目标），并以此目标制定不同时期和不同阶段的物资供应计划，用以指导实施。由此可见，物资供应目标的确定是一项非常重要的工作，没有明确的目标，计划就难以制定，控制工作便失去了意义。

物资供应的总目标就是按照需求适时、适地、按质、按量以及成套齐备地将物资提供给使用部门，以保证项目投资目标、进度目标和质量目标的实现。为了总目标的实现，还应确定相应的分目标。目标一经确定，应通过一定的形式落实到各有关的物资供应部门，并以此作为对其工作进行考核和评价的依据。

（一）物资供应与施工进度的关系

物资供应滞后施工进度。在工程实施过程中，常遇到的问题就是由于物资的到货日期推迟而影响工程进度。在大多数情况下，引起到货日期推迟的因素是不可避免的，也是难以控制的。但是，如果管理人员随时掌握物资供应的动态信息，并且及时地采取相应的补救措施，就可以避免到货日期推迟所造成的损失或者将损失降到最低。

物资供应超前施工进度。确定物资供应进度目标时，应合理安排供应进度及到货日期。物资过早进场，将会给现场的物资管理带来不利，增加投资。

（二）物资供应目标和计划的影响因素

在确定目标和编制供应计划时，应着重考虑以下几个问题：①确定能否按工程项目进度计划的需要及时供应材料，这是保证工程进度顺利实施的物质基础；②资金是否能够得到保证；③物资的供应是否超出了市场供应能力；④物资可能的供应渠道和供应方式；⑤物资的供应有无特殊要求；⑥已建成的同类或相似项目的物资供应目标和实际计划；⑦其他条件，如市场、气候、运输能力等。

四、建筑工程项目物资供应计划的编制

项目物资供应计划是对工程项目施工及安装所需物资的预测和安排，是指导和组织工程项目的物资采购、加工、储备、供货和使用的依据。其最根本的作用是保障项目的物资需要，保证按施工进度计划组织施工。

物资供应计划的一般编制程序可分为准备阶段和编制阶段。准备阶段主要是调查研究，收集有关资料，进行需求预测和采购决策；编制阶段主要是核算施工需要量、确定储备、优化平衡、审查评价和上报或交付执行。

在编制的准备阶段必须明确物资的供应方式。一般情况下，按供货渠道可分为国家计划供应和市场自行采购供应；按供应单位可分为建设单位采购供应、专门物资采购部门供应、施工单位自行采购或共同协作分别采购供应。

参考文献

[1] 陈俊，张国强，吴海燕．建筑工程项目管理：第 3 版 [M]．北京：北京理工大学出版社，2019．

[2] 陈玲燕．建设工程项目管理 [M]．武汉：华中科技大学出版社，2017．

[3] 丁洁，杨洁云．建筑工程项目管理 [M]．北京：北京理工大学出版社，2016．

[4] 高云．建筑工程项目招标与合同管理 [M]．石家庄：河北科学技术出版社，2021．

[5] 李清立．建设工程项目管理 [M]．北京：中国建材工业出版社，2014．

[6] 刘先春．建筑工程项目管理 [M]．武汉：华中科技大学出版社，2018．

[7] 蒲娟，徐畅，刘雪敏．建筑工程施工与项目管理分析探索 [M]．长春：吉林科学技术出版社，2020．

[8] 裘建娜，赵秀云．建设工程项目管理 [M]．北京：中国铁道出版社，2020．

[9] 田丽，马铭．建设工程项目管理 [M]．北京：知识产权出版社，2015．

[10] 汪雄进，唐少玉．建设工程项目管理 [M]．重庆：重庆大学出版社，2020．

[11] 王会恩，姬程飞，马文静．建筑工程项目管理 [M]．北京：北京工业大学出版社，2018．

[12] 韦瑞敏．建筑工程项目合同管理系统的设计与实现 [D]．北京：北京工业大学，2016．

[13] 肖凯成，郭晓东，杨波．建筑工程项目管理 [M]．北京：北京理工大学出版社，2019．

[14] 谢珊珊，张伟．建筑工程项目管理 [M]．杭州：浙江工商大学出版社，2016．

[15] 杨海萍，彭海燕，王勇．建筑工程项目管理 [M]．哈尔滨：哈尔滨工业大学出版社，2021．

[16] 杨杰．建筑工程项目管理优化措施探讨 [J]．房地产世界，2022（18）：94–96．

[17] 尹素花．建筑工程项目管理 [M]．北京：北京理工大学出版社，2017．

[18] 张飞涟．建设工程项目管理 [M]．武汉：武汉大学出版社，2015．

[19] 赵小龙．建筑工程项目管理中的成本控制探究 [J]．房地产世界，2022（8）：119–121．

[20] 朱文学．建筑工程项目管理中的进度管理探讨 [J]．居舍，2022（10）：115–118．

[21] 朱祥亮，漆玲玲．建设工程项目管理 [M]．南京：东南大学出版社，2019．

[22] 邹登雄．建设工程项目管理 [M]．哈尔滨：哈尔滨工程大学出版社，2019．